夺标·合规高效的招标管理

杜 静 著

中国建筑工业出版社

图书在版编目（CIP）数据

夺标·合规高效的招标管理 / 杜静著 . —北京：
中国建筑工业出版社，2022.9（2024.9重印）
ISBN 978-7-112-27621-9

Ⅰ.①夺… Ⅱ.①杜… Ⅲ.①建筑工程—招标 Ⅳ.
① TU723

中国版本图书馆 CIP 数据核字（2022）第 128670 号

本书帮助招标采购人员掌握最新法规变化，明辨法律边界，在合法合规的前提下提高采购工作效率，包括准备交易对手短名单，编制完善的招标文件，设计科学合理的评标规则，组织好开评标过程，依法处理异议、质疑与投诉，鉴别、处理和预防各种违法违规行为，充分利用投标人之间的竞争来降低采购成本、确保项目质量。

责任编辑：徐仲莉　王砾瑶
责任校对：董　楠

夺标·合规高效的招标管理
杜　静　著
*
中国建筑工业出版社出版、发行（北京海淀三里河路 9 号）
各地新华书店、建筑书店经销
北京蓝色目标企划有限公司制版
建工社（河北）印刷有限公司印刷
*
开本：787 毫米×960 毫米　1/16　印张：11¼　字数：195 千字
2022 年 10 月第一版　2024 年 9 月第二次印刷
定价：58.00 元
ISBN 978-7-112-27621-9
（39814）

前　言
Preface

　　目前，招标投标未能成为一门独立的学科，像市场营销（Marketing）和供应链管理(Supply Chain Management)都有系统的专业体系，招标投标(Bidding)没有形成自己的专业体系，对此我一直深感遗憾。

　　在近20年的招标投标知识培训过程中，经常有学员希望我能给他们推荐比较好的招标投标相关的书籍，也激发了我编写图书的兴趣。

　　这套书是我20多年来招标投标授课内容的整理，分为《夺标·合规高效的招标管理》和《夺标·一击即中的投标技巧》，分别从招标人和投标人的角度梳理招标投标实战所需的理论知识与实战技巧，内容深具实战气息。它也算是留给我自己的一个纪念。

　　《夺标·合规高效的招标管理》共6章，第1章介绍了招标投标实质性的原理，以及招标投标与其他交易方式之间的区别、联系；第2章梳理了法律框架，在我国实操招标投标必须限定在法律框架之内，达致"随心所欲不逾矩"的境界；第3章阐述了招标前的准备，如何准备交易对手短名单以及在招标时如何设置投标人资格要求；第4章介绍了招标文件编制，重点是技术标的编制和评标方法的设计；第5章梳理了在开标、评标以及定标过程中的注意事项；第6章总结了监督管理，从合规管理、风险防控、争议解决三个方面进行阐述。

　　本书内容为本人多年的实践思考及总结，并引用了相当多的法规条文和实践案例，希望引用恰当。由于本人才疏学浅，书中有遗漏之处还请各位同行指正。

　　蒙中国建筑工业出版社及责任编辑徐仲莉、王砾瑶不弃，拂尘露珠，深致谢意，不胜涕零。

杜静于壬寅

目　录
Contents

附录 /164

第1章 招标概论

1.1 招标的实质

采购人在采购时，往往面临两个致命的困境，或者称缺陷。

（1）采购人在所采购的项目领域永远不如卖方走在技术前沿。换句话说，采购人往往不如卖方专业。例如，你是宾馆采购部的，现在宾馆派你去买投影仪。你知道投影仪的流明照度和房间面积之间的关系吗？和层高之间的关系呢？和窗户个数的关系呢？和房间的朝向到底是什么关系？因为做采购不可能什么都懂。又例如矿山需要购买通风设备，矿山的总工程师是专业领域的技术权威，但他可能不如通风机厂家的工程师对通风机更了解。

（2）采购人还会面临第二个致命的困境，他往往不如卖方懂行情。例如前面的案例，宾馆购买投影仪，不外乎三五年购买一台，或者购买一批。而卖投影仪的可是天天都在卖。谁对市场行情的掌握更全面、更细致、更准确呢？一个亿万富翁在某地旅游，想购买一把路边摊贩手工制作的银壶。在这场买卖谈判中，有钱和善于沟通都没有什么用，一样会吃亏，为什么呢？因为想买它肯定是因为喜欢它，而这种手工制作的物件，数量都是有限的。你会很担心我不在他这儿买，可能一辈子再也遇不上这么让我喜欢的手工制作的银壶了。你不知道应该怎么还价，也不清楚它到底值多少钱。而这个摊贩不同，他每天在这里卖这些东西，他很清楚，你不买的话，会有下一个旅游者把它买走。他也很清楚应该如何开价，如何还价，最终的成交价大致在什么价位。

在这样的情况下，采购人把卖方喊过来谈判，就不可避免地把自己的两个致命缺陷暴露给对方，是要吃亏的。而招标这种方式，就把自己的两个致命缺陷隐藏了，抛个"诱饵"（采购需求）出来，让各卖家竞争。这样就非常巧妙地把采购人与卖方的竞争，转换成卖家互相之间的竞争。让卖方去竞争，采购人渔翁得利。这就是招标的实质，也是招标之所以能够风靡世界的根本原因。

招标的实质就是利用竞争，是招标人利用投标人之间的竞争来达成自己的采购目标。换句话说，评估一次招标活动是否成功的唯一标准，就是招标人是否真正挑起了投标人之间的竞争并从中获得自己想要的好处。

目前在西方发达国家的公共采购领域，相当于我国的政府采购领域，大多数采购项目是以招标的方式完成。欧盟委员会曾经在《欧盟公共采购法律影响与效益评价报告》中，根据欧盟官方公报（OJEU）2006～2010年的数据统计发现，约73%的欧盟采购合同采用公开招标方式。世界银行、亚洲开发银行的贷款项目都要求优先考虑招标。我国的政府采购主要采购方式就是公开招标。根据财政部国库司提供的数据，2020年中国政府采购公开招标采购规模占全国政府采购规模的79.3%。人类发明的采购方式有10多种，而仅招标这一种采购方式就占这么大的比例，可想而知它的威力巨大！

招标是远远优越于其他采购方式的一种采购方式。但很多时候大家觉得招标采购的效果并不好，甚至还不如谈判采购。那是因为你的招标能力还不够好。国外已经实践了200多年，我国实行招标的年限还很短，招标技能打磨还不够。

1.2　招标的原理

一般人对于什么是招标不是很清楚。大家常会把招标和其他交易方式混为一谈。那么到底什么是真正的招标呢？

招标的全称是**招标投标**（以下简称招标），英文名Bidding（或Tendering），它是在**市场经济**条件下进行**大宗货物的买卖、工程建设项目的发包与承包，以及服务项目的采购与提供**时，所采用的一种**交易方式**。在这种交易方式下，**通常**是由项目采购（包括货物的购买、工程的发包和服务的采购）的采购方作为招标人，通过发布招标公告或者向一定数量的特定供应商、承包商发出投标邀请等方式发出招标采购的信息，提出所需采购项目的性质及其数量、质量、技术要求，交货期、竣工期或提供服务的时间，以及其他供应商、承包商的资格要求等招标采购条件，表明将选择最能够满足采购要求的供应商、承包商与之签订采购合同，然后由各有意提供该采购所需货物、工程或服务的供应商、承包商报价及响应其他招标人要求的条件，参加投标竞争。经招标人对各投标人的报价及其他条件进行审查比较后，从中择优选定中标人，并与其签订采购合同。

这个定义里的关键词为："**市场经济**""**大宗货物、工程和服务**""**交易方式**""**通常**"。

"**市场经济**"，背后隐藏的是"**招标的实质就是利用竞争**"。招标这种方式，很巧妙地把采购人致命的两个缺陷隐藏住，然后利用卖方的弱点，顺利完成采购目标。这是它之所以可以风靡世界，在采购领域占有这么大规模的根本原因。一场招标做得好不好，要看招标人的"诱饵"抛得好不好，竞争氛围营造得好不好。也就是采购需求是否明确，标的物是否有诱惑力，评标方法是否科学合理，以及是不是打造了一个公开、公平竞争的环境。没有市场经济就没有竞争，没有竞争也就没有招标。我国是在改革开放后才恢复的招标活动，因为有了社会主义市场经济的市场环境。

"**大宗货物、工程和服务**"，这里反映的是招标的特性，或者说招标本身的缺点。招标存在三大缺点：**费钱、费时间、很麻烦**。只有大宗货物的买卖才值得这么操作，小宗货物的买卖根本不值得，也不应该招标。工程建设项目金额一般都不会太小，而某些服务项目因为人为的不可控因素太多，需要慢慢弄清楚，需要花费更多的时间来交易。

"**交易方式**"，是说招标与到菜市场买根黄瓜、商场买件衣服一样，都只不过是一种交易方式。只能说招标这种交易方式，程序冗长了一点。没有必要把招标看得太神秘。

在这里出现"**通常**"这个词的原因是，当今世界绝大多数行业都是产品供过于求，这样的市场学名叫作**买方市场**，即买方主导的市场。在这样的市场环境中由采购人出面招标，才有可能形成竞争，才有可能利用好这个竞争。如果反过来，在一个卖方市场环境中，产品本身就供不应求，这时采购人出面招标就会变成一场笑话。卖方市场环境中就只能由卖方招标，采购人投标，才有可能形成竞争、利用竞争。例如，我国目前的土地招标，就是卖地的在招标，买地的去投标。又例如，一些国有企业的产权转让、市政项目的特许经营权转让，都是卖方在招标，买方去投标。也就是说，招标这种交易方式其实既可以用来做采购，也可以用来做销售。一般情况下说起招标，包括本书后面讲到的招标，都是指招标采购，原因是目前绝大多数行业都处于产品供过于求的状况，而不是说招标天生就是用来做采购的。招标是交易方式的一种，而招标采购也是众多采购方式的一种。

招标销售，即以招标的方式销售工程、货物和服务，也有一个专有名词叫标卖。标卖也是招标投标，也归《中华人民共和国招标投标法》（以下简称《招标投标法》）管理。所以我国的土地招标也适用《招标投标法》。那么，标卖是由卖方出面组织这场交易，拍卖也是由卖方出面组织这场交易，但它们是同一回事吗？

虽然标卖也是由卖方出面组织这场交易，但标卖和拍卖有三大不同。首先，拍卖是公开报价，标卖是封闭报价。其次，拍卖可以多次报价，标卖只能一次报价。再次，拍卖一定是价高者得，而标卖就不一定，很多时候采取的是综合评价最优的成交原则，价格因素的考虑是有限的。招标和拍卖的三大区别如图1-1所示。

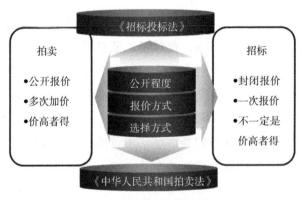

图1-1　招标和拍卖的区别

封闭式报价和一次性报价的操作方法是招标投标的精髓所在，是它的科学原理所在。凡是没有封闭式报价、一次性报价的招标，都是违法的。

招标的原理到底何在？而拍卖的原理又是什么呢？这个要从人性说起。人性的弱点千百种，最关键、最致命的是两个：一个是**贪婪**，一个是**恐惧**。

拍卖利用的是人性的贪婪。人因为贪婪，在做决定，特别是做买卖决定的那一刻，很容易失态与冲动。拍卖的原理就是尽量营造火热的拍卖现场，以诱使某些人在现场氛围的烘托下冲动地报出一个高价。

而招标除了利用人性的贪婪，还利用人性的恐惧。在招标人向投标人抛出"诱饵"时，即公告采购需求的时候，由于需求意味着成百上千万的利润，所以投标人蜂拥而至。你有没有见过编制投标文件到凌晨三点，又早上六点起床赶去开标现场的投标人？你有没有见过因为赶时间没买上座位票，在高铁上蹲在地上捧着电脑赶制投标文件的投标人？你有没有见过民营企业家在开标前夜焦躁的模样？因为这次投标可能决定企业的生死。这些现象都是人性的贪婪起了作用。

招标人又是如何利用投标人的恐惧呢？人对什么最恐惧？最令人恐惧的是**未知**。人对"未知"的恐惧超过面对死亡。招标的原理，就是把投标人丢到一个"未知"的处境。他不知道这一次的投标会遇到哪些竞争对手；他也不知道他的竞争对手在这一次投标时会怎么想、会如何报价格、报方案；他也不知道他的竞争对手和招标人的关系已经到了什么程度。同时，很多招标人真实的需要和想法，只看招标公告、招标文件也看不出来。这些未知的东西多了以后，投标人就会特别焦虑，感到有压力。大家如果玩过游戏就会知道，如果一个游戏里说你有"九条命"的时候，你是不是玩得比较随意？如果说这个游戏里你只有"一条命"的时候，你是不是会非常慎重，全力以赴地去玩这个游戏？招标就是这样操作的。首先把投标人放到一个充满未知和不确定性的环境，让他们感到焦虑、有压力（如果投标人串通起来，招标人反而成了未知最多的人，那招标采购效果就可想而知。本书最后一章会专门针对投标人串通投标的行为讲解应对方法）。然后只给投标人一次机会，迫使投标人全力以赴地报价格、报方案。这就是**招标的原理**。

所以招标和拍卖是完全不同的路数。招标是由《招标投标法》来规范的，拍卖由《中华人民共和国拍卖法》（以下简称《拍卖法》）规范。

1.3 招标与其他常见采购方式的区别

既然招标和拍卖不是一回事，那么招标与议标、谈判、磋商、比选、询比、询价、竞价、单一来源采购这些非招标采购方式又是什么关系呢？有什么区别呢？又应该如何取舍？见图1-2。

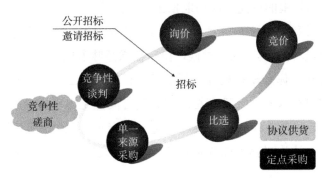

图1-2 常见的采购方式

1.3.1 常见非招标采购方式介绍

首先，**议标**不是一个规范的叫法。它肯定不是招标，它可能是谈判，也可能是其他的操作。不能以议标的名义伪装成招标而逃避招标。凡称为议标的，都有这种嫌疑，所以以后不要用这个名称。

1.竞争性谈判采购（以下简称谈判采购或竞争性谈判）

谈判采购就是双方协商，彼此妥协让步从而达成一致来完成采购。邀请多个卖家同时进行谈判采购称为竞争性谈判采购。

2.竞争性磋商采购（以下简称竞争性磋商）

其实也是谈判采购。竞争性磋商是目前在政府采购里使用的一个专有名词。它是专门为了PPP而生的，顺便推广到其他政府采购项目。在政府采购里，竞争性谈判的成交原则一向是"够用就好"，即在质量和服务能满足采购方基本要求的前提下，以报价最低的供应商为成交对象。而PPP项目采购不可以采用这样的成交原则。PPP项目采购必须是一个"综合评价最优"的过程。而改变现有政府采购相关的法律规定是一件很困难的事情。所以为了PPP项目采购的顺利实施，给现有的政府采购法律体系打了一个"补丁"，就是竞争性磋商。竞争性磋商和竞争性谈判的主要区别是改变了成交原则，把"够用就好"的成交原则，改为"综合评价最优"。其他采购过程及相关规定基本一样。竞争性磋商属于《中华人民共和国政府采购法》（以下简称《政府采购法》）第二十六条第六项"其他"的范畴。新的《政府采购法》修订草案也没有把竞争性磋商列为法定的政府采购方式。所以非政府采购项目就更没有必要"东施效颦"，应该把竞争性磋商和竞争性谈判两种采购方式合并，把成交原则统一。

题外话

题外话：政府和社会资本合作（Public Private Partnership，PPP），主要适用于政府负有提供责任又适宜市场化运作的公共服务、基础设施类项目。如燃气、供电、供水、供热、污水及垃圾处理等市政设施，公路、铁路、机场、城市轨道交通等交通设施，以及医疗、旅游、教育培训、健康养老等公共服务项目，以及水利、资源环境和生态保护等项目。操作模式包括BOT、BOO、TOT、ROT、O&M、MC、BT、BOOT等模式。

3.比选采购，也称询比采购（以下简称比选）

它其实是一种简易招标程序。比选采用招标原理，采用的也是招标的流程。但因为没有称为招标，就可以不受《招标投标法》法律体系的约束。比选采购过程中如果发现采购效果不理想，可以中途改成谈判，就不满意的方案进行协商；也可以对不满意的价格组织竞价。而招标是不可以对实质性内容进行谈判的，也不可以进行二次报价。

目前有一些国有企业喜欢一个口号叫"应招尽招"。这个"应招尽招"的口号，照说也还可以，应该招标的尽量招标。其实更好的说法是，应该招标就必须招标。但是某些人喜欢把"应招尽招"解释成能够招标的尽量招标。这就使得某些国有企业的采购人员不顾实际情况，很小的项目也安排招标。前面说过，招标有三大缺点：费钱、费时间、很麻烦。如果一个很小的项目也采用招标采购的方式，就有可能得不偿失。

4.询价采购（以下简称询价）

向两家以上卖家发询价通知单或询价文件，让卖家一次报价，然后必须买报价最低的这一家。如果在询价操作过程中，不买报价最低的这一家，整个询价操作就无效了。前面只给卖家一次报价机会的目的就是让其报最低价，而后面又不买报价最低的，那以后谁还把最低的价格报给你呢？如果觉得报价最低的这一家不够好，应该在前面的资格审查环节或者商务技术评审环节就将其排除。询价也应该有比较基本的资格审查和商务技术评审环节，不是谁来参与都给其机会报价的。至于如何准备交易对手短名单的问题，会在第3章给大家做详细讲解。

5.竞价采购（以下简称竞价）

它是一种"反向拍卖"。就像招标既可以用来买东西，也可以用来卖东西一样。拍卖也可以既用来卖东西，又用来买东西。以拍卖的方式做采购，称为竞价。例如现在用竞价的方法采购一台设备，假设这台设备的市场行情价格为50万元，那么可以用50万元做底价，起拍价安排在100万元。起拍价比市场行情价格高这么多，肯定有人愿意举牌。如果减价幅度是10万元，那么第一个举牌的卖家报价是90万元，第二个举牌的卖家报价是80万元，第三个举牌的卖家报价是70万元。如果之后再没有人举牌了，就是流拍。没到底价就流拍，采购失败，下次重来。但前面讲过拍卖是要利用人性的贪婪与冲动，现在市场竞争这么激烈，所以价格到了70万元，因为还存有一定的利润空间，很有可能还有人愿意举牌。那就60万元、50万元这样一路竞争下去，直到有人报出低于底价的价格，例如40万元，然后没有人再愿意举牌，成交！这就是竞价。卖家的报价从上往下一路降低，这个价格下降的过程可以千变万化，电话竞价、传真竞价、现场举牌竞价、网络在线竞价（即电子竞价）都可以。目前电子竞价已经广泛运用在采购领域。但竞价不是我国法定的政府采购方式之一，下一次《政府采购法》修订时有可能会将它纳入。目前《拍卖法》只规范正向拍卖行为，对于竞价这种反向拍卖行为并没有加以规范。

6.单一来源采购

其实单一来源采购也是一种谈判采购，只不过谈判对象唯一而已。因为单一来源采购明显缺乏竞争性，所以实践中对于采用单一来源采购通常会有很多限制性规定。

7.协议供货

属于框架协议采购方式的一种。它通过各种采购方式，确定成交产品的品名、规格、型号、价格、供货期限、服务承诺等内容，并以框架协议书的形式予以确定，最终由采购人在这些协议产品范围内自由选择并完成采购。

8.定点采购

也是一种框架协议采购方式。它是指通过各种采购方式，确定成交卖家及其承诺的折扣率、供货期限、服务承诺等内容，并以框架协议书的形式予以确定，最终由采购人在协议供应商范围内自由选择并完成采购。

9.框架协议采购

在采购过程中以框架协议的方式约定部分合同要素，最终采购合同要在确定所有合同要素之后正式签署。

1.3.2 如何根据不同项目特点选择最适合的采购方式

采购人员面对的采购项目可以分成两大类别：一类采购项目可以很准确地描述采购需求、技术规格要求和品质标准，这一类采购项目要么采用**招标采购**，要么采用**比价采购**。另一类采购项目没办法准确描述采购需求、技术规格要求和品质标准，这一类采购项目应该选择**谈判采购**。采购方式分类如图1-3所示。

01	02	03
招标	比价	谈判
公开招标	询价	竞争性谈判
（邀请招标）	竞价	（竞争性磋商）
比选／询比		单一来源采购
（简易招标）		

图1-3 采购方式分类

同样属于可以很准确地描述采购需求、技术规格要求和品质标准的第一类采购项目，什么情况下适合招标采购？什么情况下适合比价采购？

1.招标采购

如果是复杂的货物，或者是有技术含量的工程，或者是服务项目，那就不能单看价格。除了价格因素之外，还必须同时考虑技术差异和商务偏离，这样的采购项目适合招标采购。

招标采购分为三种方式：**公开招标**、**邀请招标**、**比选**（简易招标）。公开招标是公开发布招标信息，让合格的投标人都有机会参与竞争；邀请招标是向特定潜在投标人发出投标邀请函，邀请其前来投标；比选是一个简易的招标程序，但因为不属于法定的招标方式，所以不受招标投标相关法规约束，采购操作的自由度比较大。

什么样的采购项目适合**公开招标**呢？以下两种项目适合公开招标：一是依法必须招标的项目；二是虽然不属于依法必须招标的项目，但是对采购人而言，确实是比较重要、比较大型的项目。为什么呢？因为招标除了前面说的三大缺点外，也有三大优点。

（1）招标采购相比其他采购方式，更有利于形成一个充分的竞争过程，操作更公开透明，充分的竞争有助于降低采购成本，而且传递出来的市场信息也相对更真实。

（2）招标采购相比其他采购方式，更有助于形成一个公正、科学的择优过程。在招标文件编制、资格审查环节、评标环节都聘请了大量的外部专家进行招标文件编制以及投标人筛选、评估、把关等工作。

（3）招标投标领域规范性东西特别多，不只是法律法规多，相关合同组成文件也多，这样有利于约束各方行为，从而保证项目完成质量。

所以，虽然不是依法必须进行招标的项目，但比较重要、比较大型的项目还是可以在权衡利弊后选择招标采购的方式完成。这种招标采购，称为**自愿招标**。它和依法必须招标的项目在很多法律规定上会有不同。具体有哪些不一样，将在第2章的"法律法规"中论述。

第2章中还会提及允许**邀请招标**的法律规定。但是，建议大家能够公开招标的尽量不使用邀请招标。因为按国家现行法律规定，邀请招标相比公开招标并没有什么优势，既不能节约时间，也不能节省费用。相反，邀请招标比公开招标更容易带来腐败和削弱竞争等负面效应。

这一类可以很准确地描述采购需求、技术规格要求和品质标准的采购项目中，除了前面所述的两种情形之外（依法必须进行招标的、比较重要和大型的），其他采购项目都适用**比选**。比选采用招标原理，采用的也是招标流程，但如果在开标后发现响应方案不够好，可以增加一个谈判环节，或者响应价格不够好，可以安排一个竞价环节。因为不属于法定的招标方式，所以不受招标投标相关法规的约束。只需要把招标文件改成比选文件，投标文件改成响应文件，然后实际操作还是按照招标那一套程序进行。比选在有些地方又称为**询比**。

2.比价采购

标准化程度很高的货物或者技术含量很低的工程，例如通用设备、普通材料，以及最普通的路基工程、土方工程，如果这些项目不允许任何商务偏离，这样的采购项目适用**比价采购**。

为什么不允许商务偏离呢？大致原因有两种，一是项目特别简单或者金额特别小，例如用几万块钱砌堵墙、挖条沟，还允许它有各种商务偏离，如付款方式可以调整、工期可以顺延，将导致管理成本太高且不划算；二是项目要求特别严格，所以采购人不允许卖家有任何商务偏离。既然技术上没有差异，商务上又不允许偏离，那么单比价格就行了。这就是比价采购。

比价采购又分为两种方式：**询价**和**竞价**。同样是单纯的价格竞争项目，什么时候询价，什么时候竞价呢？对质量问题毫无顾忌的项目就选择竞价采购，对质量问题稍有顾忌的项目还是选择询价采购为好。因为竞价采购利用的是人的贪婪与冲动，往往可以砍到一个比询价更低的价格。但是人在冲动之下报出来的价格有可能不靠谱，过了一个晚上就有可能反悔。没有收定金的，生意就吹了。收了定金来不及反悔的，就会在事后做些其他事情来挽回自己的损失，从而导致对采购人的伤害。如果卖家偷工减料、弄虚作假，你有足够的能力惩罚他们，那就可以放心大胆地竞价，以拿到更好的价格；如果采购人缺乏对卖家的控制力，那就应该放弃竞价的想法，选择询价这种比竞价温柔一些的采购方式。

3.谈判采购

如果开始采购时，仍然无法准确表达采购需求，清晰描述技术规格要求和品质标准，那么这一类采购项目适用**谈判采购**。谈判采购是一种从零开始、从无到有的兜底采购方式。凡是不适合招标采购和比价采购的项目都可以选择谈判采购。

谈判采购分为两种：单一来源采购和竞争性谈判采购。

（1）**单一来源采购**，是谈判对象唯一的谈判采购方式。单一来源采购缺乏竞争性。它往往是迫于无奈情形下的被动选择。《政府采购法》规定政府采购领域可以在三种情形下选择单一来源采购：①市场上只有唯一的供应商。②紧急避险，例如长江现在决堤，到沙包厂去买沙包，这时跟卖家讨价还价显然是不合适的，拖走先用，回头再结。③采购金额不超过原项目金额10%的补充采购就继续买原品牌、原厂家的。如果这种情况下再用其他采购方式重新采购，可能会导致另一个品牌、厂家中选，导致原来只需要准备一种备品备件的，现在需要准备两种备品备件，以后的物流、库存、管理等各种成本将大幅度增加，而且重新采购的货物和前期使用的货物之间兼不兼容、配不配套还是问题。有可能还要花费不止10%的钱解决兼容配套的问题。至于企业采购，是不受10%

限制的，只要不继续购买原卖家的工程、货物和服务，单位将蒙受重大损失的，例如现有的操作系统会崩溃、后期的工程没办法施工、设备功能不配套等，都可以选择单一来源采购，继续向原卖家采购，不受金额限制。

（2）**竞争性谈判采购**，是多对象的谈判采购方式。只要能够准确描述项目采购需求、技术规格要求和品质标准，都应该优先选择比选，而不是竞争性谈判。但如果实在无法准确描述项目采购需求、技术规格要求和品质标准，这种情况下强行招标（包括比选这种简易招标方式）都是"梦一场"，属于自己骗自己。技术规格要求和品质标准都描述不清楚，让卖方如何响应？如何报价格？这时就应该选择竞争性谈判。

比选相较于竞争性谈判的优势在哪里？

前面说过，采购人在采购时不可避免地会遇到两个致命的困境：不太懂所采购项目的专业技术以及对市场行情掌握不够。如果选择竞争性谈判，就会把自己的两个缺陷暴露在对方面前，那么采购人是要吃亏的。而**比选**综合了招标和谈判的优点，一方面能够发挥招标的优势，采用招标原理和招标流程，同时又避开了招标必然伴随的复杂的法律法规要求。简单来讲就是，先让对方像招标那样报个好价格和好方案，然后在这个基础上再灵活选择要不要继续谈判，或者竞价。这样操作不比从零谈起的谈判效果好吗？

政府采购法的竞争性谈判程序：

（1）成立谈判小组。谈判小组由采购人代表和有关专家共三人以上的单数组成，其中专家人数不得少于成员总数的三分之二。

（2）制定谈判文件。谈判文件应当明确谈判程序、谈判内容、合同草案的条款以及评定成交的标准等事项。

（3）确定邀请参加谈判的供应商名单。谈判小组从符合相应资格条件的供应商名单中确定不少于3家的供应商参加谈判，并向其提供谈判文件。

（4）谈判。谈判小组所有成员集中与单一供应商分别进行谈判。在谈判中，谈判的任何一方不得透露与谈判有关的其他供应商的技术资料、价格和其他信息。谈判文件有实质性变动的，谈判小组应当以书面形式通知所有参加谈判的供应商。

（5）确定成交供应商。谈判结束后，谈判小组应当要求所有参加谈判的供应商在规定时间内进行最后报价，采购人从谈判小组提出的成交候选人中，根据符合采购需求、质量和服务相等且报价最低的原则确定成交供应商，并将结果通知所有参加谈判的未成交的供应商。

政府采购法的询价程序：

（1）成立询价小组。询价小组由采购人代表和有关专家共三人以上的单数组成，其中专家人数不得少于成员总数的三分之二。询价小组应当对采购项目的价格构成和评定成交的标准等事项作出规定。

（2）确定被询价的供应商名单。询价小组根据采购需求，从符合相应资格条件的供应商名单中确定不少于3家的供应商，并向其发出询价通知书让其报价。

（3）询价。询价小组要求被询价的供应商一次报出不得更改的价格。

（4）确定成交供应商。采购人根据符合采购需求、质量和服务相等且报价最低的原则确定成交供应商，并将结果通知所有被询价的未成交的供应商。

 案例分析

一个国有企业采购项目，资金自有。项目采购第二次招标时，有效投标人仍不足3家。项目采购转为竞争性谈判。在两轮谈判后仍未出结果的情况下，采购人又发布了第三次招标公告。第三次招标的最高投标限价比前两次招标的最高投标限价低，而且刚好比某投标人第二次投标时的报价略低一点。该投标人认为，采购人明显损害其利益，拟投诉。问：采购人的做法是否合法合规？

 分析

（1）如果是必须履行审批、核准手续的工程建设项目，两次招标失败后改变采购方式需按照《工程建设项目施工招标投标办法》第三十八条和《工程建设项目货物招标投标办法》第三十四条的规定，报经原项目审批、核准部门审批、核准后可以不再进行招标；其他情况下，国有企业改变采购方式都是可以自行决定的。而政府采购项目改变采购方式都需要事先征得财政部门的同意。

（2）对于国有企业采购项目而言，招标改谈判，谈判改招标，并不需要公布和解释改变的原因及其相关信息。只要招标时发布招标公告，竞争性谈判时发布谈判公告就可以。

（3）虽然本案例采购人没有明显的违法情形，但是第三次招标时最高投标限价刚好略低于该投标人第二次投标时的报价，确实有侵犯该投标人权益的嫌疑。该投标人可以依据相关法律规定，针对第三次招标文件向招标方提出异议。如果对招标方的回复不满意，可以进一步投诉。招标方侵犯了该投标人的权益，还是只是一种巧合，由监管部门依据事实和证据最终判定并依法处理。

第2章 法律框架

2.1 招标投标领域法律法规和政策体系

2.1.1 从法律法规渊源角度

从法律法规渊源角度，纵向划分我国招标投标法律法规和政策体系的构成，可分为四个层次：

1.法律

由全国人民代表大会及其常务委员会制定，通常以国家主席令的形式向社会公布，具有国家强制力和普遍约束力。常见的与招标投标有关的法律有《中华人民共和国民法典》（以下简称《民法典》）、《招标投标法》《政府采购法》等。

2.法规

包括行政法规和地方性法规。

行政法规由国务院制定，通常由总理签署，以国务院令的形式公布，一般以条例、实施细则、规定、办法等为名称。例如，《中华人民共和国招标投标法实施条例》（以下简称《招标投标法实施条例》）和《中华人民共和国政府采购法实施条例》（以下简称《政府采购法实施条例》）。

地方性法规，由有立法权的省、自治区、直辖市以及较大的市（包括省、自治区政府所在地的市、经济特区所在地的市、国务院批准的其他较大的市）的地方人民代表大会制定。一般以条例、实施办法等为名称。例如，广东省人民代表大会常务委员会出台的《广东省实施〈招标投标法〉办法》、北京市人民代表大会常务委员会出台的《北京市招标投标条例》等。

3.规章

包括国务院部门规章和地方政府规章。

国务院部门规章是由国务院所属各部、委、局和具有行政管理职责的直属机构制定，通常以部委令的形式公布，一般以办法、规定为名称。例如，国家发展和改革委员会颁布的《必须招标的工程项目规定》（国家发展改革委令第16号）、财政部颁布的《政府采购货物和服务招标投标管理办法》（财政部令第87号）等。

地方政府规章是由省、自治区、直辖市、省及自治区政府所在地的市、经济特区所在地的市、国务院批准的其他较大的市的人民政府制定，通常以地方政府令的形式公布，一般以规定、办法等为名称。例如，上海市政府发布的《上海市建设工程招标投标管理办法》（上海市人民政府令第50号）、深圳市人民政府发布的《关于建设工程招标投标改革的若干规定》（深府〔2015〕73号）等。

4.行政规范性文件

各级政府部门及其所属部门和派出机关在其职权范围内，依据法律、法规和规章制定的具有普遍约束力的具体规定。例如，《国务院办公厅关于聚焦企业关切进一步推动优化营商环境政策落实的通知》（国办发〔2018〕104号）、《工程项目招投标领域营商环境专项整治工作方案》（发改办法规〔2019〕862号）、《关于开展政府采购意向公开工作的通知》（财库〔2020〕10号）等。

平时所说的"法规"，是上述四个层次的简称。平时所说的"合法合规性"，是指上述四个层次的法律规定都要遵守。上一个层次法律效力高，下一个层次法律效力低。具体如下：①宪法的效力高于法律、法规和规章。②法律的效力高于行政法规、地方性法规和规章。③行政法规的效力高于地方性法规、规章。④地方性法规的效力高于本级和下级地方政府规章。⑤省、自治区人民政府制定的规章的效力高于本行政区域内的较大的市人民政府制定的规章。⑥国务院部门规章的效力与地方性法规的效力没有高低之分。如两者发生冲突，由国务院提出意见，国务院认为应当适用地方性法规的，应当适用地方性法规；认为应当适用国务院部门规章的，应当提请全国人大常委会裁决。⑦省、自治区人民政府制定的规章的效力与本行政区域内较大的市的地方性法规没有高低之分。⑧行政规范性文件的法律效力视其制定行政机关的层级和内容性质而定，例如国务院制定的法定解释性的行政规范性文件的法律效力不但高于部门规章，甚至还高于地方性法规、地方政府规章。

2.1.2 从招标投标操作实务角度

从招标投标操作实务角度来看我国招标投标法律法规和政策体系，可以横向划分为两大法律体系：《招标投标法》法律体系和《政府采购法》法律体系。

在招标投标操作实务相关法律适用问题上，首先要分清**政府采购**和**企业采购**。

政府采购是指各级国家机关、事业单位和团体组织，使用财政性资金采购依法制定的集中采购目录以内的或者采购限额标准以上的货物、工程和服务的行为。**除此之外的其他采购行为，即所有非政府采购，本书为表述方便，统称为企业采购。**也就是说，本书所称企业采购，除了企业单位的采购行为之外，还包括事业单位、社会团体以及其他各类市场主体的全部非政府采购行为。

政府采购又分为三个部分：

一是政府采购采用非招标采购方式的，竞争性谈判、单一来源采购和询价适用《政府采购非招标采购方式管理办法》（财政部令第74号），竞争性磋商适用《政府采购竞争性磋商采购方式管理暂行办法》（财库〔2014〕214号）等。

二是政府采购与工程无关的货物和服务采用招标方式采购的，适用《政府采购货物和服务招标投标管理办法》（财政部令第87号）。按说我国境内的一切招标投标活动都属于《招标投标法》的适用范围，但《政府采购货物和服务招标投标管理办法》（财政部令第87号）在制定时已经把它和《招标投标法》的相关法律规定衔接好了。所以政府采购与工程无关的货物和服务采用招标方式采购的，直接按照《政府采购货物和服务招标投标管理办法》（财政部令第87号）的规定操作就可以。

三是政府采购工程以及与工程建设有关的货物和服务，采用招标方式采购的，适用《招标投标法》法律体系的规定。而所有企业采购采用招标方式的，都适用《招标投标法》法律体系的规定。

两大法律体系适用范围如图2-1所示。

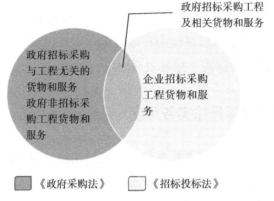

图2-1　《招标投标法》与《政府采购法》的分工与衔接

注：《政府采购法》法律体系的适用范围是左边的圆形区域，《招标投标法》法律体系的适用范围是右边的圆形区域。

1.《招标投标法》法律体系的主要法律规定

（1）《招标投标法》。

（2）《招标投标法实施条例》。

（3）《必须招标的工程项目规定》（国家发展改革委令第16号）。

（4）《关于废止和修改部分招标投标规章和规范性文件的决定》（国家发展改革委令第23号）。

（5）《工程建设项目施工招标投标办法》。

（6）《工程建设项目货物招标投标办法》。

（7）《工程建设项目勘察设计招标投标办法》。

（8）《工程建设项目可行性研究报告增加招标内容和核准招标事项暂行规定》（国家发展计划委员会令第9号）。

（9）《工程建设项目自行招标试行办法》（国家计委会第5号）。

（10）《招标公告和公示信息发布管理办法》（国家发展改革委令第10号）。

（11）《评标委员会和评标方法暂行规定》。

（12）《评标专家和评标专家库管理暂行办法》（国家计委令第29号）。

（13）《工程建设项目招标投标活动投诉处理办法》。

（14）《电子招标投标办法》。

（15）《公共资源交易平台管理暂行办法》。

（16）《全国公共资源交易目录指引》（发改法规〔2019〕2024号）。

（17）《工程项目招投标领域营商环境专项整治工作方案》（发改办法规〔2019〕862号）。

（18）《<标准施工招标资格预审文件>和<标准施工招标文件>试行规定》。

（19）《关于印发<标准设备采购招标文件>等五个标准招标文件的通知》（发改法规〔2017〕1606号）。

（20）《房屋建筑和市政基础设施工程施工招标投标管理办法》（建设部令第89号）。

（21）《房屋建筑和市政基础设施项目工程总承包管理办法》（建市规〔2019〕12号）。

（22）《建筑工程设计招标投标管理办法》（住房和城乡建设部令第33号）。

（23）《机电产品国际招标投标实施办法（试行）》（商务部令2014年第1号）。

（24）《通信工程建设项目招标投标管理办法》（工业和信息化部令第27号）。

（25）《公路工程建设项目招标投标管理办法》（交通运输部令第24号）。

（26）《水运工程建设项目招标投标管理办法》（交通运输部令第11号）。

（27）《铁路工程建设项目招标投标管理办法》（交通运输部令2018年第13号）。

（28）《水利工程建设项目招标投标管理规定》（水利部令第14号）。

（29）《农业基本建设项目招标投标管理规定》（农计发〔2004〕10号）。

（30）《科技项目招标投标管理暂行办法》（国科发计字〔2000〕589号）。

（31）《国家广播电影电视总局工程建设项目招标暂行办法》（广发计字〔2002〕140号）。

（32）《民航专业工程建设项目招标投标管理办法》（AP—158—CA—2018—01—R2）。

（33）《关于进一步做好医疗机构药品集中招标采购工作的通知》（卫规财发〔2001〕208号）。

（34）《医疗机构药品集中采购工作规范》（卫规财发〔2010〕64号）。

（35）《关于进一步加强医疗器械集中采购管理的通知》（卫规财发

〔2007〕208号）。

2.《政府采购法》法律体系的主要法律规定

（1）《政府采购法》。

（2）《政府采购法实施条例》。

（3）《政府采购货物和服务招标投标管理办法》（财政部令第87号）。

（4）《政府采购非招标采购方式管理办法》（财政部令第74号）。

（5）《政府采购竞争性磋商采购方式管理暂行办法》（财库〔2014〕214号）。

（6）《政府和社会资本合作项目政府采购管理办法》（财库〔2014〕215号）。

（7）《政府购买服务管理办法》（财政部令第102号）。

（8）《政府采购信息发布管理办法》（财政部令第101号）。

（9）《政府采购需求管理办法》（财库〔2021〕22号）。

（10）《政府采购框架协议采购方式管理暂行办法》（财政部令第110号）。

（11）《政府采购质疑和投诉办法》（财政部令第94号）。

（12）《政府采购品目分类目录》（财库〔2013〕189号）。

（13）《政府采购促进中小企业发展管理办法》（财库〔2020〕46号）。

（14）《关于调整优化节能产品、环境标志产品政府采购执行机制的通知》（财库〔2019〕9号）。

（15）《中央预算单位政府集中采购目录及标准（2020年版）》（国办发〔2019〕55号）。

（16）《地方预算单位政府集中采购目录及标准指引（2020年版）》（财库〔2019〕69号）。

上述法律规定，是目前在我国从事招标投标工作需要掌握的最主要的法律法规和政策。除此之外，各地方政府也通过地方性法规、地方政府规章和行政规范性文件等方式公布了一些区域性招标投标方面的法律规定，也是需要遵守的。

2.2　依法必须招标制度

2.2.1　企业采购依法必须招标的法律规定

前面说过，所有企业采购采用招标方式的，都适用《招标投标法》法律体系的规定。而《招标投标法》原则上规定了必须招标制度。同时国务院及其授权机关也制定了必须进行招标项目的具体范围和规模标准。哪些项目属于依法必须进行招标的项目，哪些又不是依法必须进行招标而只是自愿招标的项目呢？

依法必须进行招标的项目和自愿招标的项目在操作实务方面，法律规定相差较大。在《招标投标法》法律体系中存在很多的"帽子条款"，表现形式为"依法必须进行招标的项目，××××××。"这些"帽子条款"是专门规范依法必须进行招标的项目，不规范自愿招标的项目。例如，"依法必须进行招标的项目，自招标文件开始发出之日起至投标人提交投标文件截止之日止，最短不得少于二十日。"如果是一个自愿招标的项目，那留给投标人编制投标文件的时间不需要二十天。又例如，"国有资金占控股或者主导地位的依法必须进行招标的项目，招标人应当确定排名第一的中标候选人为中标人。"如果是一个自愿招标的项目，那么不需要确定第一名中标。哪怕是国有企事业单位，自愿招标的项目也不需要确定第一名中标。

什么是依法必须进行招标的项目？什么是自愿招标的项目？对于企业采购而言非常重要。

1.依法必须进行招标的项目范围

《招标投标法》第三条　在中华人民共和国境内进行下列工程建设项目包括项目的勘察、设计、施工、监理以及与工程建设有关的重要设备、材料等的采购，必须进行招标：

（一）大型基础设施、公用事业等关系社会公共利益、公众安全的项目；

（二）全部或者部分使用国有资金投资或者国家融资的项目；

（三）使用国际组织或者外国政府贷款、援助资金的项目。

前款所列项目的具体范围和规模标准，由国务院发展计划部门会同国务院有关部门制订，报国务院批准。

法律或者国务院对必须进行招标的其他项目的范围有规定的，依照其规定。

通过该法条知道，对于企业采购而言，依法必须进行招标的项目都是要与某个工程建设项目有关的。与工程建设项目无关的，都不是依法必须进行招标的项目。与工程建设项目无关的项目如果采用招标采购方式，都是自愿招标。

《招标投标法实施条例》第二条　招标投标法第三条所称工程建设项目，是指工程以及与工程建设有关的货物、服务。

前款所称工程，是指建设工程，包括建筑物和构筑物的新建、改建、扩建及其相关的装修、拆除、修缮等；所称与工程建设有关的货物，是指构成工程不可分割的组成部分，且为实现工程基本功能所必需的设备、材料等；所称与工程建设有关的服务，是指为完成工程所需的勘察、设计、监理等服务。

也就是说，《招标投标法》规定的必须进行招标的工程建设项目，除了指工程本身以外，还包括与工程建设有关的货物和服务。

它还进一步阐明，必须进行招标的工程，是指那些有实实在在的建筑物和构筑物的新建、扩建、改建工程。例如"基因工程"这种生物工程，又例如靠养鱼种草来净化水源的"生物治水"的环境保护工程，还有"菜篮子工程"这类重塑民心的工程，都不属于"依法必须进行招标"范围里所指的工程。因为它们不像房屋建筑或通信工程这一类工程有着实实在在的建筑物和构筑物。

不涉及新建、改建、扩建的单独的装饰装修、拆除、修缮，也不属于依法必须进行招标的项目。

《招标投标法实施条例》又说，依法必须进行招标的货物是构成工程不可分割的组成部分，且为实现工程基本功能所必需的设备、材料。例如电梯就是依法必须进行招标的货物。它成了工程不可分割的部分且为工程基本功能所需要。但空调是不是依法必须进行招标的货物呢？中央空调是，而分体空调不是。虽然中央空调或分体空调都可能是工程基本功能所需要的，但还要判断它们有没有进入工程实体成为其不可分割的一部分。分体空调显然是可以分割的，室内机、室外机、连接管，甚至室外机支架都可以拆下来带走，换个地方装上去一样用。但是中央空调的型材、风机盘管等都是按照该工程的尺寸制作，换一个工程就无法使用，所以中央空调是不可分割的。因此判断是否构成工程不可分割的组成部分，主要看它是否可以完好拆走。投影仪是不是依法必须招标的货物呢？那就要看是什么工程。如果建设一栋普通住宅楼或办公楼，它当然不是。如果建设一栋电教大楼或者电教教室，它就是依法必须进行招标的货物。一般来说，构成工程不可分割的组成部分，且为实现工程基本功能所必需的设备、材料，是指进入到工程设计图纸的设备、材料。工程设计图纸里没有的设备、材料，就肯定不是依法必须招标的货物。

《招标投标法实施条例》还说，依法必须进行招标的服务，就只有勘察、设计和监理三种。其他服务都不是依法必须招标的。因为像"勘察、设计、监理等服务"这里的"等"字，按现代汉语的用法有两种：一种是"排列未尽，等字里面指代内容"，一种是"言尽煞尾，等字是没有指代的内容的虚词"。但是按照最高人民法院在《关于审理行政案件适用法律规范问题的座谈会纪要》（法〔2004〕96号）一文中的解释：法律规范在列举其适用的典型事项后，又以"等""其他"等词语进行表述的，属于不完全列举的例示性规定。以"等""其他"等概括性用语表示的事项，均为明文列举的事项以外的事项，且其所概括的情形应为与列举事项类似的事项。也就是说法律规定里的"等"都是排列未尽的"等"，"等"字里面有内容，不是虚词。《招标投标法实施条例》第二条中出现的"等"字指代什么内容呢？

《招标投标法实施条例》第三条 依法必须进行招标的工程建设项目的具体范围和规模标准，由国务院发展改革部门会同国务院有关部门制订，报国务院批准后公布施行。

也即《工程建设项目招标范围和规模标准规定》（国家发展计划委员会令第3号，已废止）所赋予的地方人民代表大会以地方性法规的形式制定本地区的依法必须招标范围和规模标准的权力全部收回到国务院及其授权机关。地方人民代表大会、地方政府再也不能以地方性法规、地方政府规章的名义制定本地区的依法必须进行招标的工程建设项目的具体范围和规模标准。也就是说，"所称与工程建设有关的服务，是指为完成工程所需的勘察、设计、监理等服务。"这句话里的"等"字，只能由国务院及其授权机关解释。在国务院还没有往"等"字里面加注内容之前，谁也无权解释这个"等"里面还包括哪些服务，也就是目前依法必须进行招标的服务项目就只有勘察、设计和监理三种。

《必须招标的工程项目规定》（国家发展改革委令第16号）第二条 全部或者部分使用国有资金投资或者国家融资的项目包括：（一）使用预算资金200万元人民币以上，并且该资金占投资额10%以上的项目；（二）使用国有企业事业单位资金，并且该资金占控股或者主导地位的项目。

它把使用国有资金的工程建设项目分成使用财政预算资金的和使用国有企事业单位自有资金的两种情形，并分别进行界定，特别是把"**部分使用**国有资金投资或者国家融资"中的"**部分**"进行了定义。

如果项目使用的是财政预算资金，就看绝对值有没有达到200万元，相对值有没有达到10%，有一个条件没达到就不是依法必须进行招标的项目。例如，某工程建设项目使用财政预算资金500万元，但是这个工程建设项目的总投资额为5亿元，财政资金占比没有达到10%，这个项目不是依法必须进行招标的项目。又例如，某工程建设项目只使用了财政预算资金50万元，但项目总投资额为200万元，财政资金占比达到25%，但是绝对值没有达到200万元，这个项目也不是依法必须进行招标的项目。

《必须招标的工程项目规定》（国家发展改革委令第16号）第三条 使用国际组织或者外国政府贷款、援助资金的项目包括：（一）使用世界银行、亚洲开发银行等国际组织贷款、援助资金的项目；（二）使用外国政府及其机构贷款、援助资金的项目。

它又把使用国外资金的工程建设项目区分成使用国际组织资金的和使用外国政府资金的两种情形，特别是列举了世界银行和亚洲开发银行这两个国际组织。这两条把《招标投标法》第三条第一款第二项和第三项的意思都说清楚了。然后国家发展和改革委员会在《必须招标的基础设施和公用事业项目范围规定》（发改法规规〔2018〕843号）中又把《招标投标法》第三条第一款第一项说清楚了。

《必须招标的基础设施和公用事业项目范围规定》（发改法规规〔2018〕843号）第二条 不属于《必须招标的工程项目规定》第二条、第三条规定情形的大型基础设施、公用事业等关系社会公共利益、公众安全的项目，必须招标的具体范围包括：（一）煤炭、石油、天然气、电力、新能源等能源基础设施项目；（二）铁路、公路、管道、水运，以及公共航空和A1级通用机场等交通运输基础设施项目；（三）电信枢纽、通信信息网络等通信基础设施项目；（四）防洪、灌溉、排涝、引（供）水等水利基础设施项目；（五）城市轨道交通等城建项目。

同理，这个法律规定里面的所有"等"字，都只能由国务院及其授权机关解释。例如，目前城建项目中只有城市轨道交通项目是依法必须进行招标的项目。其他如污水处理、垃圾处理、停车场等城建项目都不是依法必须进行招标的项目。至于科教文卫项目和水电气暖项目就更加不属于依法必须进行招标的基础设施和公用事业项目。

也就是说，判断一个工程建设项目是否属于依法必须进行招标的项目，先看有没有使用国有资金或国外资金。如果使用国有资金或国外资金，同时达到依法必须招标的规模标准，就依法必须进行招标；如果没有使用国有资金或国外资金，再看是否属于《必须招标的基础设施和公用事业项目范围规定》（发改法规规〔2018〕843号）中的第二条第一项、第二项、第三项、第四项、第五项所称的这五类工程建设项目，如果属于且达到依法必须进行招标的规模标准，也属于依法必须进行招标的项目。

2.依法必须进行招标的规模标准

《必须招标的工程项目规定》（国家发展改革委令第16号）第五条 本规定第二条至第四条规定范围内的项目，其勘察、设计、施工、监理以及与工程建设有关的重要设备、材料等的采购达到下列标准之一的，必须招标：（一）施工单项合同估算价在400万元人民币以上；（二）重要设备、材料等货物的采购，单项合同估算价在200万元人民币以上；（三）勘察、设计、监理等服务的采购，单项合同估算价在100万元人民币以上。

同一项目中可以合并进行的勘察、设计、施工、监理以及与工程建设有关的重要设备、材料等的采购，合同估算价合计达到前款规定标准的，必须招标。

例如，国有事业单位（公立医院、公立学校等）全部使用财政拨款300万元新建一栋楼，这个工程建设项目属于依法必须进行招标的范围，但因为规模未达到400万元，不属于依法必须进行招标的工程建设项目。

《必须招标的工程项目规定》（国家发展改革委令第16号）中第五条第二款规定，同一项目中可以合并进行的勘察、设计、施工、监理以及与工程建设有关的重要设备、材料等的采购，合同估算价合计达到前款规定标准的，必须招标。这个规定应如何理解、如何操作呢？

首先，它是指**同类项合并**。也就是说，施工和施工合并计算，货物和货物合并计算，服务和服务合并计算。如果可以跨类别合并计算，例如设计可以和施工合并，那就没办法计算必须招标的数额标准，按400万元计算？按200万元计算？还是按100万元计算？

其次，"**可以**"的意思是，合并之后的招标采购项目在市场上的潜在投标人数量足够多，能确保竞争性。此款法律规定是用来判断是不是依法必须进行招标的。而按照《招标投标法》的规定，招标需要3家以上的投标人。所以这里的"**可以**"具体是指合并之后市场上还有3家以上的潜在独立投标人（非联合体投标人）能够承担这个项目。因为如果潜在投标人按联合体考虑，那一切项目都可以合并到一起由联合体承担。

例如，墙面工程和地面工程合并成一个标段进行招标采购，市场上仍有足够多的潜在投标人，那它们就是可以合并进行招标采购的项目。又例如，一个农场建设项目的建筑工程和农田水利工程合并成一个标段进行招标，可能市场上没有3家以上的潜在投标人能够同时完成这两项工程，那这两项工程就是不可以合并进行招标的项目。

最后，合并计算不代表一定要合并招标，也可以分开单独招标。合并之前考虑的是招标的必要性和可行性，合并之后还要考虑经济性。例如一个工程建设项目，勘察费20万元，设计费80万元，现在很多设计院既能做勘察也能做设计，所以勘察和设计是可以合并的。合并计算的金额超过100万元，达到依法必须进行招标的服务项目的规模标准，所以这个工程建设项目的勘察和设计都依法必须进行招标。但是招标采购时，如果觉得标包小一点，参与竞争的潜在投标人会多一些，竞争更充分，有助于降低采购成本，那么也可以把勘察和设计分成两个标包分别进行招标采购。只要遵守该款法律规定，没有化整为零规避招标就可以。也就是说，该款法律规定只是用来判断有没有达到依法必须进行招标的规模标准，并不强制一定要合并招标采购。

问：如何区分工程、货物和服务？

如果一个工程建设项目中既有工程，又有货物，甚至还有服务，那么采购的到底是工程，还是货物，亦或是服务呢？这涉及工程、货物和服务这三类项目适合采用的采购方式不同，分别适用不同的依法必须进行招标的规模标准，而且采购时的评审标准也不相同，包括项目后期缴纳的增值税的税率都不相同，所以需要区分清楚。例如，一个设备检修项目到底算服务、工程，还是货物？一个技术改造项目算工程、货物，还是服务？一个信息化项目算货物、服务，还是工程？

要区分一个项目到底是工程、货物还是服务，需要先定性，后定量。

定性分析：

工程和货物的区分方法看固化。 能够完好拆走，换个地方还能用的称为货物；不能完好拆走的称为工程，它已经固化成工程的一部分。例如空调，分体空调可以完好拆走，室内机、室外机、空调支架等换个地方重新安装后一样可以用，所以分体空调是货物。而中央空调，进出风口型材都是按照工程设计的尺寸下料，风机盘管长度都是按照工程设计剪裁，拆下来没办法原样安装到另一栋建筑上继续使用，所以中央空调是工程——空调工程。

工程和服务的区分方法看人工。一个项目中的人工部分费用高，它是一个服务；非人工部分费用高，它就是一个工程。例如管道检修，如果这个管道检修项目是以人为主，人工部分费用高，那它就是一个管道检修服务。如果这个管道检修项目大量使用检测设备、维修材料，非人工部分费用高，那它就是一个管道检修工程。

货物和服务的区分方法看物化。一个项目中的活劳动多，它是一个服务；物化劳动多，它就是一个货物。所谓物化劳动，就是可以简单复制、到处用的劳动成果，而活劳动就是不可以简单复制、到处用的劳动成果。例如软件采购，成品软件Office、Windows都是可以简单复制、到处用的东西，这类软件是货物。客户定制软件换个单位就不能使用，它是活的劳动，这种定制软件是服务。

定量分析：

一个大的项目中可能既有工程部分，也有货物部分，还有服务部分，那么整个项目到底算工程项目、货物项目，还是服务项目？可以把项目中的每项内容都按前述定性分析方法先做一个定性分析。哪些部分内容算工程，哪些算货物，哪些算服务，定性分析后，再对整个项目做定量分析。定量分析就是看整个项目中到底哪部分内容的金额高，整个项目都定性为这部分内容所代表的项目性质。整个项目中工程部分金额高的，整个项目算工程；货物部分金额高的，整个项目算货物；服务部分金额高的，整个项目算服务。

例如园林绿化项目，如果挖坑栽树、挖洞蓄水、护坡围栏这部分工作量大、金额高，那么这是一个绿化工程项目。如果没有太多的这些工作，就简单栽树种花，花木部分金额高，那么这是一个货物采购项目——花木采购。如果工作量主要是整个项目周期内的绿植保养维护，这部分的金额高，那么这是一个绿化服务项目。

2.2.2　政府采购依法必须招标的法律规定

1.政府采购项目依法必须进行公开招标的法律规定

《政府采购法》第二十六条　政府采购采用以下方式：（一）公开招标；

27

（二）邀请招标；（三）竞争性谈判；（四）单一来源采购；（五）询价；（六）国务院政府采购监督管理部门认定的其他采购方式。公开招标应作为政府采购的主要采购方式。

第二十七条　采购人采购货物或者服务应当采用公开招标方式的，其具体数额标准，属于中央预算的政府采购项目，由国务院规定；属于地方预算的政府采购项目，由省、自治区、直辖市人民政府规定；因特殊情况需要采用公开招标以外的采购方式的，应当在采购活动开始前获得设区的市、自治州以上人民政府采购监督管理部门的批准。

公开招标是政府采购的主要采购方式。政府采购项目的采购人采购货物或者服务时，达到一定的数额标准，就需要公开招标。属于中央预算的政府采购项目，公开招标的数额标准由国务院规定，《中央预算单位政府集中采购目录及标准（2020年版）》（国办发〔2019〕55号）规定的公开招标数额标准是，货物或服务项目单项采购金额达到200万元以上的，必须采用公开招标方式；工程以及与工程建设有关的货物、服务公开招标数额标准按照国务院有关规定（即工程400万元、货物200万元、服务100万元）执行。

中央预算单位政府集中采购目录及标准（2020年版）

一、集中采购机构采购项目

以下项目必须按规定委托集中采购机构代理采购（表2-1）。

中央预算单位政府集中采购目录　　　　　　　　　　表2-1

目录项目	适用范围	备 注
一、货物类		
台式计算机		不包括图形工作站
便携式计算机		不包括移动工作站
计算机软件		指非定制的通用商业软件，不包括行业专用软件
服务器		10万元以下的系统集成项目除外
计算机网络设备		指单项或批量金额在1万元以上的网络交换机、网络路由器、网络存储设备、网络安全产品，10万元以下的系统集成项目除外
复印机		不包括印刷机
视频会议系统及会议室音频系统		指单项或批量金额在20万元以上的视频会议多点控制器（MCU）、视频会议终端、视频会议系统管理平台、录播服务器、中控系统、会议室音频设备、信号处理设备、会议室视频显示设备、图像采集系统

目录项目	适用范围	备 注
多功能一体机		指单项或批量金额在5万元以上的多功能一体机
打印设备		指喷墨打印机、激光打印机、热式打印机，不包括针式打印机和条码专用打印机
扫描仪		指平板式扫描仪、高速文档扫描仪、书刊扫描仪和胶片扫描仪，不包括档案、工程专用的大幅面扫描仪
投影仪		指单项或批量金额在5万元以上的投影仪
复印纸	京内单位	不包括彩色复印纸
打印用通用耗材	京内单位	指非原厂生产的兼容耗材
乘用车		指轿车、越野车、商务车、皮卡，包含新能源汽车
客车		指小型客车、大中型客车，包含新能源汽车
电梯	京内单位	指单项或批量金额在100万元以上的电梯
空调机	京内单位	指除中央空调（包括冷水机组、溴化锂吸收式冷水机组、水源热泵机组等）、多联式空调（指由一台或多台室外机与多台室内机组成的空调机组）以外的空调
办公家具	京内单位	指单项或批量金额在20万元以上的木制或木制为主、钢制或钢制为主、铝制或铝制为主的家具
二、工程类		
限额内工程	京内单位	指投资预算在120万元以上的建设工程，适用招标投标法的建设工程项目除外
装修工程	京内单位	指投资预算在120万元以上，与建筑物、构筑物新建、改建、扩建无关的装修工程
拆除工程	京内单位	指投资预算在120万元以上，与建筑物、构筑物新建、改建、扩建无关的拆除工程
修缮工程	京内单位	指投资预算在120万元以上，与建筑物、构筑物新建、改建、扩建无关的修缮工程
三、服务类		
车辆维修保养及加油服务	京内单位	指在京内执行的车辆维修保养及加油服务
机动车保险服务	京内单位	
印刷服务	京内单位	指单项或批量金额在20万元以上的本单位文印部门（含本单位下设的出版部门）不能承担的票据、证书、期刊、文件、公文用纸、资料汇编、信封等印刷业务（不包括出版服务）
工程造价咨询服务	京内单位	指单项或批量金额在20万元以上的在京内执行的工程造价咨询服务

目录项目	适用范围	备　注
工程监理服务	京内单位	指单项或批量金额在20万元以上的在京内执行的建设工程（包括建筑物和构筑物的新建、改建、扩建、装修、拆除、修缮）项目的监理服务，适用招标投标法的工程监理服务项目除外
物业管理服务	京内单位	指单项或批量金额在100万元以上的本单位物业管理服务部门不能承担的在京内执行的机关办公场所水电供应、设备运行、建筑物门窗保养维护、保洁、保安、绿化养护等项目，多单位共用物业的物业管理服务除外
云计算服务		指单项或批量金额在100万元以上的基础设施服务（Infrastructure as a Service，IaaS），包括云主机、块存储、对象存储等，系统集成项目除外
互联网接入服务	京内单位	指单项或批量金额在20万元以上的互联网接入服务

注：1.表中"适用范围"栏中未注明的，均适用于所有中央预算单位。
　　2.表中所列项目不包括部门集中采购项目和中央高校、科研院所采购的科研仪器设备。

二、部门集中采购项目

部门集中采购项目是指部门或系统有特殊要求，需要由部门或系统统一配置的货物、工程和服务类专用项目。各中央预算单位可按实际工作需要确定，报财政部备案后组织实施采购。

三、分散采购限额标准

除集中采购机构采购项目和部门集中采购项目外，各部门自行采购单项或批量金额达到100万元以上的货物和服务的项目、120万元以上的工程项目应按《中华人民共和国政府采购法》和《中华人民共和国招标投标法》有关规定执行。

四、公开招标数额标准

政府采购货物或服务项目，单项采购金额达到200万元以上的，必须采用公开招标方式。政府采购工程以及与工程建设有关的货物、服务公开招标数额标准按照国务院有关规定执行。

属于地方预算的政府采购项目，由省、自治区、直辖市人民政府按照《地方预算单位政府集中采购目录及标准指引（2020年版）》（财库〔2019〕69号）中的规定自行设定本地区的分散采购限额标准和公开招标数额标准。截至目前，最新的31个省、自治区、直辖市（不包括港澳台地区）的分散采购限额标准和公开招标数额标准见本书附录。具体到每一个省、自治区下辖的市、县，都有自己的公开招标数额标准。同一个省、自治区内的市级、县级的公开招数额标准是一致的。但不同省、自治区的市级、县级的公开招标数额标准可能都不一样。按照预算层级，凡是达到当地该预算层级的公开招标数额标准的项目，就是政府采购里的依法必须进行公开招标的项目。

因特殊情况需要采用公开招标以外的采购方式的，应当在采购活动开始前获得设区的市、自治州以上人民政府采购监督管理部门的批准。

需要说明的是，这些公开招标数额标准每过几年可能会有调整。最新的公开招标数额标准需要登录国家财政部和各地财政部门的官方网站进行查阅。

地方预算单位政府集中采购目录及标准指引（财政部2020年版）

一、集中采购机构采购项目

以下项目必须按规定委托集中采购机构代理采购（表2-2）。

地方预算单位政府集中采购目录　　　　　　　　　　　表2-2

序号	品目	编码	备注
计算机设备及软件（A0201）			
计算机设备		A020101	
1	服务器	A02010103	
2	台式计算机	A02010104	
3	便携式计算机	A02010105	
输入输出设备		A020106	
打印设备		A02010601	
4	喷墨打印机	A0201060101	
5	激光打印机	A0201060102	
6	针式打印机	A0201060104	
显示设备		A02010604	
7	液晶显示器	A0201060401	
图形图像输入设备		A02010609	
8	扫描仪	A0201060901	
计算机软件		A020108	
9	基础软件	A02010801	
10	信息安全软件	A02010805	
办公设备（A0202）			
11	复印机	A020201	

序号	品目	编码	备注
12	投影仪	A020202	
13	多功能一体机	A020204	
14	LED 显示屏	A020207	
15	触控一体机	A020208	
销毁设备		A020211	
16	碎纸机	A02021101	
车辆（A0203）			
17	乘用车	A020305	
18	客车	A020306	
机械设备（A0205）			
19	电梯	A02051228	
电气设备（A0206）			
20	不间断电源（UPS）	A02061504	
21	空调机	A0206180203	
其他货物			
22	家具用具	A06	
23	复印纸	A090101	
服务			
24	互联网接入服务	C030102	
25	车辆维修和保养服务	C050301	
26	车辆加油服务	C050302	
27	印刷服务	C081401	
28	物业管理服务	C1204	
29	机动车保险服务	C15040201	
30	云计算服务		

注：表中所列项目不包括高校、科研机构所采购的科研仪器设备。

二、分散采购限额标准

除集中采购机构采购项目外，各单位自行采购单项或批量金额达到**分散采购限额标准**的项目应按《中华人民共和国政府采购法》和《中华人民共和国招标投标法》有关规定执行。

省级单位货物、服务项目分散采购限额标准不应低于 50 万元，市县级单位货物、服务项目分散采购限额标准不应低于 30万元，工程项目分散采购限额标准不应低于 60 万元。

三、公开招标数额标准

政府采购货物或服务项目，公开招标数额标准不应低于 200万元。政府采购工程以及与工程建设有关的货物、服务公开招标数额标准按照国务院有关规定执行。

2.依法必须进行公开招标的政府采购项目改变采购方式的法律规定

《政府采购法实施条例》第二十三条　采购人采购公开招标数额标准以上的货物或者服务，符合政府采购法第二十九条、第三十条、第三十一条、第三十二条规定情形或者有需要执行政府采购政策等特殊情况的，经设区的市级以上人民政府财政部门批准，可以依法采用公开招标以外的采购方式。

也就是说，达到公开招标数额标准的依法必须公开招标的政府采购项目，如果符合下列《政府采购法》规定情形，或者需要落实政府采购政策等特殊情形，经设区市以上财政部门同意，可以不公开招标。

《政府采购法》第二十九条　符合下列情形之一的货物或者服务，可以依照本法采用邀请招标方式采购：（一）具有特殊性，只能从有限范围的供应商处采购的；（二）采用公开招标方式的费用占政府采购项目总价值的比例过大的。

第三十条　符合下列情形之一的货物或者服务，可以依照本法采用竞争性谈判方式采购：（一）招标后没有供应商投标或者没有合格标的或者重新招标未能成立的；（二）技术复杂或者性质特殊，不能确定详细规格或者具体要求的；（三）采用招标所需时间不能满足用户紧急需要的；（四）不能事先计算出价格总额的。

第三十一条　符合下列情形之一的货物或者服务，可以依照本法采用单一来源方式采购：（一）只能从唯一供应商处采购的；（二）发生了不可预见的紧急情况不能从其他供应商处采购的；（三）必须保证原有采购项目一致性或者服务配套的要求，需要继续从原供应商处添购，且添购资金总额不超过原合同采购金额百分之十的。

第三十二条　采购的货物规格、标准统一、现货货源充足且价格变化幅度小的政府采购项目，可以依照本法采用询价方式采购。

落实政府采购政策，是指通过制定采购需求标准、预留采购份额、价格评审优惠、优先采购等措施，实现节约能源、保护环境、扶持不发达地区和少数民族地区、促进中小企业发展等目标。

3.政府采购领域化整为零、规避招标的定义方法

《政府采购法实施条例》第二十八条　在一个财政年度内，采购人将一个预算项目下的同一品目或者类别的货物、服务采用公开招标以外的方式多次采购，累计资金数额超过公开招标数额标准的，属于以化整为零方式规避公开招标，但项目预算调整或者经批准采用公开招标以外方式采购除外。

这一条法律规定是政府采购领域针对化整为零、规避招标这一违法行为的定义。《政府采购品目分类目录》可以从财政部官方网站下载。

2.3　其他招标投标相关法律介绍

2.3.1　《中华人民共和国民法典》

第四条　民事主体在民事活动中的法律地位一律**平等**。

第五条　民事主体从事民事活动，应当遵循**自愿**原则，按照自己的意思设立、变更、终止民事法律关系。

第六条　民事主体从事民事活动，应当遵循**公平**原则，合理确定各方的权利和义务。

第七条　民事主体从事民事活动，应当遵循**诚信**原则，秉持诚实，恪守承诺。

第七百九十条　建设工程的招标投标活动，应当依照有关法律的规定**公开、公平、公正**进行。

第四条、第五条、第六条、第七条讲的是国家民事法律关系的基本原则。在招标投标活动中，如果有些事情找不到明确的法律依据，都可以回到这几个基本法律原则来分析和解决问题——平等、自愿、公平、诚信。第七百九十条讲的是建设工程招标投标，还要增加公开、公平和公正原则。公正原则是指第三方，评标委员会、政府监管部门等要对招标人和投标人一视同仁、公正对待。公平原则是指招标人和投标人彼此要公平对待。公开原则是指信息能公开的尽量公开。

第七十四条　法人可以依法设立分支机构。法律、行政法规规定分支机构应当登记的，依照其规定。分支机构以自己的名义从事民事活动，产生的民事责任由法人承担；也可以先以该分支机构管理的财产承担，不足以承担的，由法人承担。

第七十四条规定明确分公司可以自己的名义投标，自行承担民事责任。不足以承担的民事责任部分，由公司承担。这样不管是企业采购项目还是政府采购项目，分公司投标都不再有法律障碍。要注意的是，以分公司名义投标的，只能以分公司名义签订合同，不能以公司名义签订合同。

第一百三十五条　民事法律行为可以采用书面形式、口头形式或者其他形式；法律、行政法规规定或者当事人约定采用特定形式的，应当采用特定形式。

第一百三十七条　以对话方式作出的意思表示，相对人知道其内容时生效。以非对话方式作出的意思表示，到达相对人时生效。以非对话方式作出的采用数据电文形式的意思表示，相对人指定特定系统接收数据电文的，该数据电文进入该特定系统时生效；未指定特定系统的，相对人知道或者应当知道该数据电文进入其系统时生效。当事人对采用数据电文形式的意思表示的生效时间另有约定的，按照其约定。

第四百八十四条　以通知方式作出的承诺，生效的时间适用本法第一百三十七条的规定。承诺不需要通知的，根据交易习惯或者要约的要求作出承诺的行为时生效。

根据这几条规定，招标人可以在招标文件中约定招标公告、中标候选人公示、中标结果公告（公示）的方式和发布媒体。这些公告和公示一经发布，即刻生效，不需要到达投标人。投标人需要自行前往这些约定媒体，包括电子交易平台，获取相关信息。

第一百五十三条　违反法律、行政法规的强制性规定的民事法律行为无效。但是，该强制性规定不导致该民事法律行为无效的除外。违背公序良俗的民事法律行为无效。

例如，《招标投标法》规定，招标人和中标人应当自中标通知书发出之日起三十日内，按照招标文件和中标人的投标文件订立书面合同。这是一个强制性规定。但它是一个管理性的强制性规定，还是一个效力性的强制性规定，国内法律界一直没有定论。按照这两条法律规定，招标人和投标人在中标通知书发出之日起三十日后订立合同的行为仍然有效。所订立的合同，亦自成立时生效，受法律保护。

第二百零一条　按照年、月、日计算期间的，开始的当日不计入，自下一日开始计算。按照小时计算期间的，自法律规定或者当事人约定的时间开始计算。

第二百零二条　按照年、月计算期间的，到期月的对应日为期间的最后一日；没有对应日的，月末日为期间的最后一日。

第二百零三条　期间的最后一日是法定休假日的，以法定休假日结束的次日为期间的最后一日。期间的最后一日的截止时间为二十四时；有业务时间的，停止业务活动的时间为截止时间。

招标投标活动中有很多法定的时间要求，这几条规定帮助界定起止时间。

第四百六十九条　当事人订立合同，可以采用书面形式、口头形式或者其他形式。书面形式是合同书、信件、电报、电传、传真等可以有形地表现所载内容的形式。以电子数据交换、电子邮件等方式能够有形地表现所载内容，并可以随时调取查用的数据电文，视为书面形式。

这里的其他形式，例如打车，招手即停，也是约定俗成地订立合同的一种方式——一份短期的带司机的租车合同。电子文档，包括微信、E-mail，都是法律认可的合同形式。

第五百一十一条　当事人就有关合同内容约定不明确，依据前条规定仍不能确定的，适用下列规定：（一）质量要求不明确的，按照强制性国家标准履行；没有强制性国家标准的，按照推荐性国家标准履行；没有推荐性国家标准的，按照行业标准履行；没有国家标准、行业标准的，按照通常标准或者符合合同目的的特定标准履行。（二）价款或者报酬不明确的，按照订立合同时履行地的市场价格履行；依法应当执行政府定价或者政府指导价的，依照规定履行。（三）履行地点不明确，给付货币的，在接受货币一方所在地履行；交付不动产的，在不动产所在地履行；其他标的，在履行义务一方所在地履行。（四）履行期限不明确的，债务人可以随时履行，债权人也可以随时请求履行，但是应当给对方必要的准备时间。（五）履行方式不明确的，按照有利于实现合同目的的方式履行。（六）履行费用的负担不明确的，由履行义务一方负担；因债权人原因增加的履行费用，由债权人负担。

招标文件、合同条款均存在大量约定不明确的事项，这一条规定提供了客观标准可以帮助招标投标双方止纷息争。

第五百三十三条 合同成立后，合同的基础条件发生了当事人在订立合同时无法预见的、不属于商业风险的重大变化，继续履行合同对于当事人一方明显不公平的，受不利影响的当事人可以与对方重新协商；在合理期限内协商不成的，当事人可以请求人民法院或者仲裁机构变更或者解除合同。人民法院或者仲裁机构应当结合案件的实际情况，根据公平原则变更或者解除合同。

第五百四十三条 当事人协商一致，可以变更合同。

这一条规定讲的是"情势变更"法律原则。所以招标投标双方无论在合同中如何约定包死不变，但是双方的合同约定不能对抗国家法律。出现法定合同变更情形时，还是得变。而且在招标阶段，双方按照招标文件和投标文件订立合同。到了合同实施阶段，真要有客观需要，经双方协商一致，还是可以变更合同的。

第五百六十三条 有下列情形之一的，当事人可以解除合同：（一）因不可抗力致使不能实现合同目的；（二）在履行期限届满前，当事人一方明确表示或者以自己的行为表明不履行主要债务；（三）当事人一方迟延履行主要债务，经催告后在合理期限内仍未履行；（四）当事人一方迟延履行债务或者有其他违约行为致使不能实现合同目的；（五）法律规定的其他情形。以持续履行的债务为内容的不定期合同，当事人可以随时解除合同，但是应当在合理期限之前通知对方。

解除合同这一招对招标人特别重要。中标人利用自己比招标人专业、比招标人懂市场，找各种原因拖延项目实施，不断变更索赔向招标人要钱。这个时候一纸"休书"给中标人（承包商、供应商），即发一份解除合同通知书给对方解除合同，是一个很好的法律救济手段。

第七百九十一条 发包人可以与总承包人订立建设工程合同，也可以分别与勘察人、设计人、施工人订立勘察、设计、施工承包合同。发包人不得将应当由一个承包人完成的建设工程支解成若干部分发包给数个承包人。总承包人或者勘察、设计、施工承包人经发包人同意，可以将自己承包的部分工作交由第三人完成。第三人就其完成的工作成果与总承包人或者勘察、设计、施工承包人向发包人承担连带责任。承包人不得将其承包的全部建设工程转包给第三人或者将其承包的全部建设工程支解以后以分包的名义分别转包给第三人。禁止承包人将工程分包给不具备相应资质条件的单位。禁止分包单位将其承包的工程再分包。建设工程主体结构的施工必须由承包人自行完成。

这是关于建设工程项目支解发包、非法转包、违法分包的法律规定。相关的法律规定还见诸《中华人民共和国建筑法》（以下简称《建筑法》）、《建设工程质量管理条例》《招标投标法实施条例》《工程建设项目施工招标投标办法》、《房屋建筑和市政基础设施工程施工分包管理办法》（建设部令〔2004〕第124号）、《建筑工程施工发包与承包违法行为认定查处管理办法》（建市规〔2019〕1号）等。

第七百九十三条 建设工程施工合同无效，但是建设工程经验收合格的，可以参照合同关于工程价款的约定折价补偿承包人。建设工程施工合同无效，且建设工程经验收不合格的，按照以下情形处理：（一）修复后的建设工程经验收合格的，发包人可以请求承包人承担修复费用；（二）修复后的建设工程经验收不合格的，承包人无权请求参照合同关于工程价款的约定折价补偿。发包人对因建设工程不合格造成的损失有过错的，应当承担相应的责任。

此条规定说的是，即使建设工程施工合同无效，只要事实履行并验收合格，可以折价支付工程款给施工方。

一般来说，未编入《民法典》的《中华人民共和国公司法》《中华人民共和国证券法》《中华人民共和国信托法》《中华人民共和国保险法》《中华人民共和国票据法》《招标投标法》等民商事特别法，均可能存在与《民法典》规定不一致的情形。此种情形依照《中华人民共和国立法法》有关规定，上位法优于下位法，新的规定优于旧的规定，特别规定优于一般规定等法律适用规则，处理《民法典》与相关法律的衔接问题。例如，《民法典》与《招标投标法》的关系，是一般法与民商事特别法的关系，《招标投标法》与《民法典》的规定不一致的，根据特别规定优于一般规定的法律适用规则，适用《招标投标法》的规定。

2.3.2 《中华人民共和国反不正当竞争法》

第九条 经营者不得实施下列侵犯商业秘密的行为：（一）以盗窃、贿赂、欺诈、胁迫、电子侵入或者其他不正当手段获取权利人的商业秘密；（二）披露、使用或者允许他人使用以前项手段获取的权利人的商业秘密；（三）违反保密义务或者违反权利人有关保守商业秘密的要求，披露、使用或者允许他人使用其所掌握的商业秘密；（四）教唆、引诱、帮助他人违反保密义务或者违反权利人有关保守商业秘密的要求，获取、披露、使用或者允许他人使用权利人的商业秘密。

经营者以外的其他自然人、法人和非法人组织实施前款所列违法行为的，视为侵犯商业秘密。第三人明知或者应知商业秘密权利人的员工、前员工或者其他单位、个人实施本条第一款所列违法行为，仍获取、披露、使用或者允许他人使用该商业秘密的，视为侵犯商业秘密。

本法所称的商业秘密，是指不为公众所知悉、具有商业价值并经权利人采取相应保密措施的技术信息、经营信息等商业信息。

针对评委泄露评标过程中掌握的商业秘密，以及招标投标双方或任何第三方人员侵犯商业秘密的行为予以明确界定。招标投标活动最容易触发的刑事罪名除了串通投标罪就是侵犯商业秘密罪。同时要注意到，《中华人民共和国反不正当竞争法》（以下简称《反不正当竞争法》）最新版删除了第十一条"经营者不得以排挤竞争对手为目的，以低于成本的价格销售商品"，这为修订《招标投标法》第三十三条"投标人不得以低于成本的报价竞标"创造了条件。毕竟市场上投标报价为零元的现象屡见不鲜。这种情况下，需要区分投标人的善意或恶意，不能一味排斥投标人的低价投标。

2.3.3 《中华人民共和国企业国有资产法》

第八条 国家建立健全与社会主义市场经济发展要求相适应的国有资产管理与监督体制，建立健全国有资产保值增值考核和责任追究制度，落实国有资产保值增值责任。

此条规定要求尽量采用竞争性方式完成采购，以落实国有资产保值增值责任。《企业国有资本与财务管理暂行办法》（财企〔2001〕325号）进一步规定"企业大宗原辅材料或商品物资的采购、固定资产的购建和工程建设一般应当按照公开、公正、公平的原则，采取招标方式进行。"也即国有企业的采购，不属于依法必须进行招标的、与工程无关的大宗货物，以及在依法必须进行招标的限额标准以下的工程，都应该采取招标方式。只不过这一类招标属于前面所说的"自愿招标"。采用单一来源采购这一类非竞争性采购方式的，需要充足的理由并接受公开监督。

第四十三条　国家出资企业的关联方不得利用与国家出资企业之间的交易，谋取不当利益，损害国家出资企业利益。本法所称关联方，是指本企业的董事、监事、高级管理人员及其近亲属，以及这些人员所有或者实际控制的企业。

第四十四条　国有独资企业、国有独资公司、国有资本控股公司不得无偿向关联方提供资金、商品、服务或者其他资产，不得以不公平的价格与关联方进行交易。

国有企业采购过程尽量信息公开，并采取集体决策，以避免不当交易。

第六十五条　国务院和地方人民政府审计机关依照《中华人民共和国审计法》的规定，对国有资本经营预算的执行情况和属于审计监督对象的国家出资企业进行审计监督。

第六十六条　国务院和地方人民政府应当依法向社会公布国有资产状况和国有资产监督管理工作情况，接受社会公众的监督。任何单位和个人有权对造成国有资产损失的行为进行检举和控告。

招标投标活动涉及的项目往往资金金额比较大，是违法乱纪和腐败行为的高发区，是巡察、审计的重点。检举找纪检监察部门或其他相关部门，控告找司法机关。

2.3.4 《中华人民共和国建筑法》

第七条　建筑工程开工前，建设单位应当按照国家有关规定向工程所在地县级以上人民政府建设行政主管部门申请领取施工许可证；但是，国务院建设行政主管部门确定的限额以下的小型工程除外。按照国务院规定的权限和程序批准开工报告的建筑工程，不再领取施工许可证。

按照《建筑工程施工许可管理办法》（住房和城乡建设部令第18号）第四条第一款第四项的规定，建设单位申请领取施工许可证，应当具备下列条件，并提交相应的证明文件：（4）已经确定施工企业。按照规定应当招标的工程没有招标，应当公开招标的工程没有公开招标，或者支解发包工程，以及将工程发包给不具备相应资质条件的企业的，所确定的施工企业无效。也就是说，依法必须进行招标的工程建设项目，没有履行完备的招标手续，是无法办理施工许可证的。

第十六条　建筑工程发包与承包的招标投标活动，应当遵循公开、公正、平等竞争的原则，择优选择承包单位。建筑工程的招标投标，本法没有规定的，适用有关招标投标法律的规定。

第十九条　建筑工程依法实行招标发包，对不适于招标发包的可以直接发包。

第二十条　建筑工程实行公开招标的，发包单位应当依照法定程序和方式，发布招标公告，提供载有招标工程的主要技术要求、主要的合同条款、评标的标准和方法以及开标、评标、定标的程序等内容的招标文件。开标应当在招标文件规定的时间、地点公开进行。开标后应当按照招标文件规定的评标标准和程序对标书进行评价、比较，在具备相应资质条件的投标者中，择优选定中标者。

第二十一条　建筑工程招标的开标、评标、定标由建设单位依法组织实施，并接受有关行政主管部门的监督。

第二十二条　建筑工程实行招标发包的，发包单位应当将建筑工程发包给依法中标的承包单位。建筑工程实行直接发包的，发包单位应当将建筑工程发包给具有相应资质条件的承包单位。

第二十三条　政府及其所属部门不得滥用行政权力，限定发包单位将招标发包的建筑工程发包给指定的承包单位。

这几条规定讲的是《建筑法》与《招标投标法》的衔接问题。

 案例分析

下列项目，哪些是依法必须进行招标的项目？

A.某国有企业购置800万元的锅炉更新换代；

B.某国有企业花费400万元资金改造污水处理池；

C.某国有企业投资600万元信息化项目；

D.水利部预算180万元的南水北调工程的某观测点地质监测；

E.某县城天网工程项目投资300万元；

F.某私营企业投资1000万元建设储能电站。

 分析

（1）A和B都属于技术改造项目。锅炉购置项目中的锅炉属于货物，又有安装工程部分，但显然安装工程部分的金额占整个采购项目比较小的比例，如果A技术改造项目不涉及新建、改建、扩建工程，只是单独的锅炉更新换代的购置，那么A属于货物采购。A项目800万元的锅炉购置项目并不是依法必须进行招标的项目。而B技术改造项目显然是一个改建工程，所以国有企业400万元污水处理池改造项目是依法必须进行招标的项目。也就是说技术改造项目的性质，有的属于货物，有的属于工程。

（2）C国有企业的信息化项目，属于工程、货物还是服务？要看项目的实际内容。如果C项目以布线或其他工程内容为主，硬件和软件部分都不占较大的份额，那么信息化项目C属于工程——信息化工程。国有企业600万元的工程是依法必须进行招标的项目。如果C项目以系统软件的客户化开发为主，那么信息化项目C是一个服务项目——信息系统集成服务。如果C项目主要是卖服务器、工作站等硬件，其他部分的金额很小，那么信息化项目C属于货物采购。国有企业和新建、改建、扩建工程无关的货物或者服务的采购，哪怕金额达到600万元，也不是依法必须进行招标的项目。

（3）D和E都属于政府采购项目。政府采购项目是不是依法必须进行公开招标的项目，主要看所在预算层级的财政部门设定的依法必须公开招标的数额标准。首先区分一下D和E的项目性质。D项目是一个地质监测项目。地质监测项目有可能是一个信息系统集成服务项目，也可能是一个信息化工程项目，具体要看D项目中的实际内容。但不管是工程还是服务，D项目只是预算180万元的中央预算项目，而中央预算项目货物和服务采购金额达到200万元才需要公开招标，工程采购金额要达到400万元才需要公开招标。所以D项目不是依法必须进行公开招标的项目。E项目是一个县级预算的政府采购项目。它是不是依法必须公开招标，要看当地县级政府采购的公开招标数额标准。达到当地财政部门制定的县级政府采购公开招标数额标准，就依法必须公开招标。当然也需要区分天网工程的项目性质。很多地方政府把天网工程称为政府在购买一项"平安城市"服务，这样就可以按照政府购买服务的方式操作采购。按照《政府购买服务管理办法》（财政部令第102号）的规定，政府购买服务可以不用招标而采取竞争性磋商采购方式。其实天网工程更像一个货物项目，因为整个项目中真正值钱的可能是那些硬件，例如摄像机、服务器、线材管材等。但是项目性质界定为工程，招标采购监管部门是国务院发展改革部门，而界定为货物，监管部门可能就是财政部门。所以实践中，人们往往故意不把项目性质界定得那么清楚，以方便项目采购的顺利进行。《政府采购货物和服务招标投标管理办法》（财政部令第87号）第七条规定，采购人应当按照财政部制定的《政府采购品目分类目录》确定采购项目属性。按照《政府采购品目分类目录》无法确定的，按照有利于采购项目实施的原则确定。所以天网工程E是不是依法必须公开招标的项目，要看项目立项时对其项目属性的认定以及当地财政部门设定的工程、货物、服务各自的公开招标数额标准。

（4）F项目是一个私营企业投资的新能源建设项目。按照《必须招标的基础设施和公用事业项目范围规定》（发改法规规〔2018〕843号）第二条的规定，F项目属于依法必须进行招标的项目。而项目本身的投资额达到1000万元，超过《必须招标的工程项目规定》（国家发展改革委令第16号）中规定的依法必须进行招标的规模标准。所以F项目是依法必须进行招标的项目。

第3章 招标准备

3.1 明确采购需求

通常采购开始的时候只有大致的采购需求，可以提前一定的时间把采购意向（即朦胧的采购需求）传播出去，以吸引更多的潜在投标人参与采购活动。在正式招标前通过与潜在投标人的互动交流，借助潜在投标人的专业性，把采购需求进一步明晰，直至能够精确地描述采购需求，是整个采购流程中非常关键的一步，也是提高采购效率的重要手段。标准采购流程如图3-1所示。

3.1.1 工程建设项目的特点与采购需求分析

1.工程建设项目的特点

工程建设项目，是指工程以及与工程建设有关的货物和服务。本书所称工程是指各类建设工程，包括建筑工程、土木工程、设备和管道安装工程的新建、改建、扩建及其相关的装修、拆除、修缮等。

工程特点是个性化、一次性建设完成，无法移动。如果不符合工程建设要

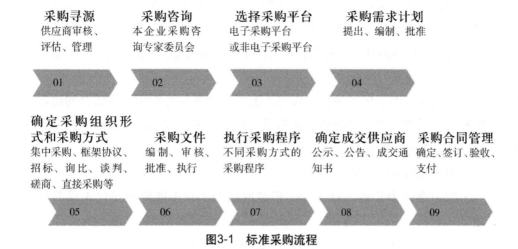

采购寻源
供应商审核、
评估、管理

采购咨询
本企业采购咨
询专家委员会

选择采购平台
电子采购平台
或非电子采购平台

采购需求计划
提出、编制、批准

01　　　　02　　　　03　　　　04

确定采购组织形
式和采购方式
集中采购、框架协议、
招标、询比、谈判、
磋商、直接采购等

采购文件
编制、审核、
批准、执行

执行采购程序
不同采购方式的
采购程序

确定成交供应商
公示、公告、成交通
知书

采购合同管理
确定、签订、验收、
支付

05　　　　06　　　　07　　　　08　　　　09

图3-1　标准采购流程

求，工程就得推倒重来，代价太大！所以工程招标最在乎的是可靠性。要通过招标找到可靠的施工队伍和可靠的施工方案。可靠性是工程招标的主轴和工作方向。后期的一切工程招标工作都要围绕这个工程招标特点进行，包括资格审查和评标方法设计等。

工程招标需要完整地分析本工程项目的使用功能、范围规模、技术标准、实施条件、节能环保等项目要求，按照国家有关法规、技术标准、项目审批文件、项目设计文件以及项目实施计划等，科学设定工程项目的质量、工期、造价、安全、环境保护等需求目标。这是编制招标方案的前提，也是设置投标人资格条件、评标方法、合同条款等相关内容的主要依据。

不同类别的工程具有不同的使用功能、结构形状，适用不同的施工工艺、机械设备、材料以及组织管理模式、方法，因此形成了不同行业的工程技术管理体系。各行业的专业标准、技术标准、计价规则、管理规程、企业资质条件等均存在一定差异。例如，建筑工程、交通工程、通信工程均不相同。

工程内部构造由设计图纸决定。外部条件包括现场作业面、进场道路、水电通信、地形以及周边现有建筑物和构筑物、水文和地质条件、可能发生的拆迁、恢复补偿，以及当地的气象条件和风俗习惯等。这些因素都会不同程度地制约和影响工程技术管理方案的实施以及投标报价的高低，涉及招标投标双方的责任划分，所以在招标文件合同条款中应该尽量详细地阐述。

招标人也可以将这些外部条件资料从设计文件中剥离出来，单独编制成参考资料供投标人参考，投标人对这些参考资料的理解、引用产生的后果自行承担责任。这种做法是招标人管控项目风险的一种做法。但是，当这些参考资料与实际情况严重偏离时，承包人也可能就此向发包人提出工程变更、合同索赔。

（1）工程变更

工程变更是由于施工条件和发包人要求发生变化等原因，导致合同约定的工程材料性质和品种、建筑物结构形式、施工工艺和方法，以及施工工期等的变动，必须变更才能维护合同公平。

五种常见的变更情形：

①取消合同中任何一项工作，但被取消的工作不能转由发包人或其他人实施；

②改变合同中任何一项工作的质量或其他特性；

③改变合同工程的基线、标高、位置或尺寸；

④改变合同中任何一项工作的施工时间或改变已批准的施工工艺或顺序；

⑤为完成工程需要追加的额外工作。

（2）合同索赔

合同索赔是指工程合同执行过程中，对于并非自己的过错，而是应该由对方承担责任的情况造成的实际损失，向对方提出经济补偿和（或）工期顺延的要求。

工程建设项目典型索赔事件包括：

①发包人没有按合同规定的要求交付设计资料、设计图纸，导致工程延期。例如，推迟交付；提供的资料有错误；合同中规定一次性交付，而实际上发包人是分批交付的。

②发包人没有按合同规定的日期交付施工场地及行驶道路、接通水源和电源等，使承包商的施工人员和设备不能及时进场，工程不能及时开工，导致延误工期。

③工程地质与合同规定有出入，出现异常情况，例如地下发现发包人提供的图纸上未标明的水管、电缆或其他障碍物。因此按合同规定应进行特殊处理，或必须采取加固地基的措施。

④发包人或监理工程师通过变更指令改变原合同规定的施工顺序、施工程序、施工方法，打乱了承包商的施工部署。

⑤发包人或监理工程师指示增加、减少或删除部分工程或者工程数量变

更，指示提高设计、施工、材料的质量标准，例如提高装饰装修标准、提高建筑五金标准等。

⑥发包人或监理工程师指示增加额外附加工程项目，要求承包商提供合同责任以外的服务项目。

⑦由于设计变更、设计错误，发包人或其工程师的错误指令造成工程修改、报废、返工、窝工等。

⑧由于非承包商原因，发包人或其工程师指示终止工程施工。

⑨发包人或其工程师提出特殊要求。例如合同规定以外的检查试验，造成工程损坏或费用增加，而检查结果是承包商的工程质量符合合同要求。

⑩发包人或监理工程师拖延合同职责范围内的工作。例如拖延图纸批准，拖延隐蔽工程验收，拖延对承包商问题的答复，造成工程停工。

⑪在正常情况下，发包人要求工程加速，带来波及效应。

⑫发包人提供的进口材料海运时间长或在港口停置时间过长，造成工程停工待料。

⑬发包人未能按合同规定的时间和数量支付工程款。

⑭物价大幅度上涨，造成材料价格、人工工资大幅度上涨，合同中有调价条款。

⑮国家法令和政策的修改。例如增加或提高新的税费。

⑯货币贬值，使承包商蒙受较大的汇率损失。

⑰不可抗力及特殊风险，例如反常的气候条件、洪水、政局变化、战争、经济封锁、禁运等使工程中断或合同终止。

⑱在维修期间，由于发包人的工作人员使用不当或其他非承包商原因造成工程损坏，发包人要求承包商予以修理。发包人在验收交付使用前使用已完成工程，造成工程损坏。

⑲合同缺陷，例如条款不全、错误或前后矛盾，双方就合同理解产生争议。

上述常见的变更情形和典型索赔事件一旦出现，基本上不用讨论，直接予以工程变更或（和）合同索赔处理。

2.工程建设项目采购需求分析

工程招标中最需要控制的是质量、工期和造价这三大工程采购需求。这三大采购需求之间存在以下互相制约关系：

提高工程质量标准，采取更严格的质量控制措施，会影响工程进度，并增加工程造价；加快工程进度，有可能影响工程质量，而且会显著增加工程造价，但项目提前竣工也可能提前产生项目效益；同理，如果工程预算过低，会导致工程质量无法得到保证，也可能导致工程无法按期完成。招标人在制定工程需求目标时需要在确保安全、环境保护目标达成的基础上，综合平衡质量、工期、造价这三者之间的关系，以寻求项目综合效益最大化。

（1）**质量需求**：工程质量需求是根据工程使用功能要求，在满足工程使用的适用性、安全性、经济性、可靠性以及与生态环境的协调等要求的基础上，设定工程质量等级目标和质量保证体系的要求。工程质量必须符合国家有关法规和设计质量、施工质量等验收标准。

（2）**工期需求**：工程工期需求是根据工程总体进度计划要求，以及因相应条件的可能变化留有余量地制定工程进度目标和计划，包括工程总工期、开工时间、阶段目标工期、竣工时间以及相应各阶段工作计划。

（3）**造价需求**：工程造价需求由工程投资额决定。一般项目投资估算控制工程设计概算，工程设计概算控制工程施工图预算，工程施工图预算控制工程结算造价与竣工决算投资。招标时可以根据政府发布的概算定额、工程造价数据库、造价指标指数和市场价格信息等编制和确定最高投标限价。另一个工程造价重要控制环节发生在项目实施阶段，即按照合同处理计量支付规则、价格调整方法、工程变更和合同索赔等。

3.1.2 货物项目的特点与采购需求分析

货物与工程的最大区别在于其可移动性，货物还具有复杂多样、来源广泛、有技术含量以及可替换的特点。正因为货物一旦发现有问题就可退可换，所以货物招标可以把价格因素看得重一点，其次考虑货物的性价比。这是货物招标的主轴，也是货物招标的工作方向。

货物的采购需求包括拟采购货物需实现的功能、技术性能、质量、数量、外观、交货期、价格、标准化水平、节能环保指标、交付要求、验收标准、售后服务要求等。

（1）**功能需求**：货物功能是指货物能够满足某种需求的一种基本能力。例如车的功能是要能上路跑。在确定货物功能需求时，要结合采购预算和交货期等因素对货物功能进行取舍，不要购买过多不必要的或很少用到的功能，以免导致采购价格上升；也不要因为没有长期观念而导致购买的货物缺乏某种功能，不能满足长期运行和使用需要。

（2）**技术性能**需求：货物技术性能是指货物实现功能的效率。技术性能越高，货物价值实现效率就越高，货物就会变得昂贵。而采购较低技术性能的货物，虽然货物购置成本会降低，但是后期维护成本会上升，使用效益下降。所以应该合理选择货物的技术性能，过高或者过低的技术性能追求都不是好的选择。所以在货物采购时更看重货物的性价比。

（3）**质量**需求：货物质量反映的是货物的可靠性和保障性，是对一组固有特性的稳定满足，是货物档次的体现。

（4）**数量**需求：大部分货物采购在编制招标方案时可以根据拟采购货物的类别、品种、规格，分别确定相应的数量规模，并统一计量方法。

（5）**交货期**需求：货物交早了对采购方并没有什么好处，采购方反而要承担保管和货损的责任。但是货物交迟了肯定不行，它会耽误整体项目的进度。所以需要结合生产周期和运输周期，合理确定货物开始招标时间和交货时间。

（6）**服务**需求：货物服务需求主要包括货物安装、调试、培训、后期零配件供应、售后服务安排等。

（7）**标准化水平**：体现在货物的通用性、可替换性，以及备品备件的易得性。货物标准化水平越高，其使用成本和替换成本就越低。

（8）**价格**需求：货物价格需求是指货物采购范围、单价、总价、付款方式和付款进度安排等。货物采购可以在确保其他需求目标的前提下尽可能追求低价，其次要考虑货物的性价比因素。另外需要考虑货物采购价格因素是全生命周期成本（Life Cycle Cost，LCC），有的货物初始购置成本较低，而全生命周期成本却很高，即俗话说的"买得起，用不起"。

3.1.3 服务项目的特点与采购需求分析

服务是一种无形产品。同样的服务产品、服务流程，由不同的人实施，给对方的体验将是天差地别的。所以服务招标的特点是要找到高素质的人和好的服务方案。这和工程招标的追求有所不同。工程招标追求的是可靠性，是要找到可靠的人和可靠的方案。换句话说，素质高的人不一定可靠，可靠的人也不一定素质高。这是服务招标和工程招标最大的区别。

同时，服务还具有生产与消费的同步性，以及不可存储性这两个特点。由于服务的同步性和不可存储性，对服务需求进行预测并提前制订有创造性的预案，是很重要的服务需求，即服务的及时响应性。

一般的服务需求主要考虑以下内容：

（1）**服务内容**：服务项目的具体工作内容，包括工作范围涉及的广度和深度。例如民用建筑工程设计项目，服务内容需求主要考虑需要设计的工程范围等工程基本情况及相关设计条件，方案设计、初步设计、施工图设计等设计深度要求。又例如某大型水电站工程监理项目，可以分成四个标段：把标段一道路施工部分交给一家具有公路工程监理资质的单位来监理；把标段二办公楼和宿舍楼的建设交给具有房屋建筑工程监理资质的单位来监理；把标段三主体工程施工交给具有水利工程施工监理资质的单位来监理；把标段四水轮机等机电设备及金属结构制造监理的业务交给具有水利工程机电及金属结构设备制造监理专业资质的单位来监理。这时服务内容需求主要考虑的是不同监理标段之间的工作范围一定要界定清晰、操作可行、衔接良好，避免工作范围和监理责任的交叉或空缺从而影响监理服务的工作质量。

（2）**技术要求**：服务项目需要提出明确的技术特征指标。以民用建筑工程设计项目为例，其服务技术要求首先按照项目建设单位的需求，结合城市规划、环境管理等有关规定，对项目功能用途、使用要求、总平面布置、竖向设计、交通组织、景观绿化、环境保护、建筑立面造型、建筑控制高度以及是否一次规划、分期建设等提出定性和定量的设计要求。其次是工程项目的设计标准，包括工程等级、结构设计使用年限、耐火等级、装修标准等。最后是工程建设项目的技术经济性指标要符合行业或区域的设计标准。

（3）**价格**：服务项目竞争的关键是服务方案的好坏和服务团队的素质能力，而不是价格。以工程设计服务为例，国家对工程建设项目实行限额设计，就是以批准的工程建设项目的可行性研究报告和投资估算为限额，控制工程的方案设计和初步设计，并以批准的工程初步设计和概算造价为限额，优化施工图设计。也就是说有些工程设计服务招标是可以不竞争价格的，可以限额设计、限额招标。限额招标就是在成交价格固定的前提下，由各投标人竞争服务方案和服务团队。政府采购服务项目的招标要求价格因素占总评分的权重不低于10%即可。

（4）**服务的交付形式和期限**：因为服务的同步性及不可存储性，服务方案需要提供冗余设计和提前预判，以确保服务的及时响应。

（5）创新能力：服务产品是最容易被模仿和追随的，所以服务提供商必须具备持续的创新能力以提供新颖的附加价值。这也是服务项目采购人与服务提供商建立长期战略合作伙伴关系的关键。

3.2　制订招标方案

明确采购需求，就可以开始制订招标方案，也就是把本招标项目在未来招标过程中可能遇到的所有重要问题提前进行策略分析，然后据此制订一份合理可行的工作计划。

3.2.1　界定招标范围

原则上讲，能够单独订立合同的采购项目的任何部分都可以采用招标采购方式，所以需要明确每一个单项招标采购合同的范围以及与外界其他项目的衔接。无论是工程项目、货物项目，还是服务项目，道理都一样。

3.2.2　划分标段或标包

不只是工程项目招标需要考虑划分标段，货物项目招标也要考虑划分标包，服务项目招标也需要考虑是否划分标段或标包。其实标段与标包是一个意思，通常在工程项目招标时称为标段，货物项目招标时称为标包，服务项目招标时称为标段或标包。它们都是采购人将一项工程或者一批次的货物或者一个服务项目拆分成若干个采购合同分别进行采购。

通常划分标段或标包时需要综合考虑八个方面的因素，如图3-2所示。

1.法规要求

相关法规要求采购人要按照有利于采购项目实施的原则，合理划分标段或标包，不得利用划分标段或标包来化整为零规避招标。

《招标投标法》第十九条　招标项目需要划分标段、确定工期的，招标人应当合理划分标段、确定工期，并在招标文件中载明。

《招标投标法实施条例》第二十四条　招标人对招标项目划分标段的，应当

图3-2　标段/标包划分方法

遵守招标投标法的有关规定，不得利用划分标段限制或者排斥潜在投标人。依法必须进行招标的项目的招标人不得利用划分标段规避招标。

《必须招标的工程项目规定》（国家发展改革委令第16号）第五条　同一项目中可以合并进行的勘察、设计、施工、监理以及与工程建设有关的重要设备、材料等的采购，合同估算价合计达到前款规定标准的，必须招标。

《政府采购法实施条例》第二十八条　在一个财政年度内，采购人将一个预算项目下的同一品目或者类别的货物、服务采用公开招标以外的方式多次采购，累计资金数额超过公开招标数额标准的，属于以化整为零方式规避公开招标，但项目预算调整或者经批准采用公开招标以外方式采购除外。

《政府采购需求管理办法》（财库〔2021〕22号）第十七条　采购人要按照有利于采购项目实施的原则，明确采购包或者合同分包要求。

2.采购方能力

采购方管理协调能力强，可以考虑把标包或标段划分得细一些，这样能够完成小标段、小标包的潜在承包商、供应商数量会增加，以增加竞争性；如果采购方管理协调能力不强，就应该把标段或标包划分得大一些，多借助承包商、供应商的管理能力把项目做好。例如火神山医院工程施工时，迫于一周内必须竣工的压力，把医院划分成几个标段同时赶工，结果有施工单位为了争抢施工道路而发生纠纷。所以采购方管理协调能力不强的话，就不适合把标段或标包划分得太细，否则各标段或标包之间管理协调不好，会对项目完成的质量和工期造成很大的困难。在工程项目发包时，有时会采取工程总承包的模式，即把项目的设计和施工（DB），或者设计、采购和施工（EPC）一并发包给一个总承包人，以充分发挥总承包人的优化设计、改进施工以及价值工程等项目管理能力优势，最终提高工程效益。

3.项目技术特点

主要是指技术关联性问题，即能不能把项目分成多个标段或标包。例如墙面工程和地面工程就不容易划分成两个标段，而玻璃幕墙工程和墙面工程就很容易划分成两个标段。

4.资格资质要求

标段或标包比较大，对承包商、供应商的资质要求就比较高，能参与项目竞争的单位就会减少。所以不要把标段或标包设置得过大，这样会人为抬高资质门槛，变相限制或排斥了某些投标人，削弱竞争。

5.竞争性

除非是特别大型的项目，潜在投标人成百上千。一般项目招标采购时有10家左右承包商、供应商来参与竞争就很好。低于5家认为竞争性不够，多于10家也认为没有必要。因为参与投标的投标人太多，会导致招标管理成本上升，评审时间和评审费用增加。所以一般项目在标段或标包划分时尽量把潜在投标人的人数控制在10家左右。其实只要是真正独立竞争而没有互相串标的投标人，10家足矣。但是如果标段或标包划分得过大，导致潜在投标人少于3家，则涉嫌化整为零、规避招标。

6.供应能力

有的项目如果标段或标包太大，把项目交给一个承包商或一家供应商承担，可能它的建设、生产、服务能力不足以满足项目需要，所以必须划分成多个标段、多个标包，由多个承包商、供应商共同承担项目，以确保项目的建设和供应。

7.资金

根据资金到位情况，可以顺理成章地把项目划分成多个标段或标包。例如一期、二期、三期工程，很自然地划分成三个标段。

8.期限

如果一个承包商或供应商不能满足采购方的工期或交货期或服务期限的要求，不妨将项目划分成多个标段或标包，把项目交由多个承包商或供应商共同完成，平行生产、多点赶工，以确保项目如期完成。

3.2.3　选择采购方式

在本书1.4节中，已经讲过如何选择正确的采购方式，也就是根据不同项目各标包、各标段的特点选择最合适的采购方式——招标、比选、谈判、比价等。对于选择招标采购而言，除了依法必须进行招标的项目以外，其他比较重要或金额巨大的项目，也应该选择招标采购。

需要强调的是，工程总承包项目中的分包采购不属于依法必须进行招标的项目，但以暂估价形式包含在总承包范围内的工程、货物、服务除外。换句话说，国家依法必须招标制度规范的是建设单位、采购人、发包人的采购行为，而不是用来规范中标人、总承包人的采购行为。

3.2.4　选择招标方式

招标方式分为**公开招标**和**邀请招标**。它们如何区分和选择呢？

公开招标和邀请招标唯一的区别是第一步不一样，后面的操作全部相同。第一步，公开招标是发布招标公告，看到公告且符合条件的都可以参与此次招标投标活动；邀请招标是发送投标邀请函，收到邀请函的才有资格参与此次招标投标活动。实际工作中，很多人误以为邀请招标是一种特殊的招标方式，好像邀请招标的项目可以不用严格按照《招标投标法》进行，这是错误的认知。

邀请招标的优点是，相比公开招标采购进程，可以节省时间和费用。招标的三大缺点是：费钱、费时间、很麻烦。但邀请招标的缺点也很明显，那就是有损公平性和竞争性，而且容易产生腐败。

对于采购而言，公开性和竞争性是它的生命线，邀请招标挑战了采购的底线。无论是国有企事业单位，还是政府部门，腐败都是绝对不可容忍的现象。所以邀请招标要慎用，而且主要运用于私营企业的采购。

我国相关法律对于邀请招标的法律规定如下：

《招标投标法实施条例》第八条　国有资金占控股或者主导地位的依法必须进行招标的项目，应当公开招标；但有下列情形之一的，可以邀请招标：(一)技术复杂、有特殊要求或者受自然环境限制，只有少量潜在投标人可供选择；(二)采用公开招标方式的费用占项目合同金额的比例过大。有前款第二项所列情形，属于本条例第七条规定的项目，由项目审批、核准部门在审批、核准项目时作出认定；其他项目由招标人申请有关行政监督部门作出认定。

《政府采购法》第二十九条　符合下列情形之一的货物或者服务，可以依照本法采用邀请招标方式采购：（一）具有特殊性，只能从有限范围的供应商处采购的；（二）采用公开招标方式的费用占政府采购项目总价值的比例过大的。

3.2.5　合同计价类型

合同按计价类型可以划分为固定总价合同、固定单价合同、可调价格合同、成本加酬金合同，如图3-3所示。

图3-3　合同计价类型

固定总价合同对招标人最有利，招标人未来的履约风险最小，是招标人最喜欢的合同类型。如果设计深度足够，工作任务和工作量都比较清楚，招标人应该在招标文件中约定本招标项目选择签署固定总价合同。

固定单价合同对招标人和投标人的风险分布比较均衡。招标人承担工作量给定不准确的风险。如果项目实际工作量与招标文件给定的工作量不相符，要给予投标人调整单价和总价的权利。投标人承担价格承诺带来的风险。如果招标人在招标文件中给定的工作量是准确的，那么投标人所有的价格承诺就必须兑现。如果项目设计深度不够，就无法在招标时给定准确的工作量，这时招标人选择固定单价合同才是明智的。

如果一个项目的履约周期较长，为了降低未来履约风险，一般选择**可调价格合同**，可以是可调总价合同，也可以是可调单价合同。在一个固定价格合同里增加一些未来调价方法的合同条款，即可把一个固定价格合同转变为一个可调价格合同。例如世界银行贷款的项目中，履约周期超过18个月的合同都必须签成可调价格合同。

如果因为时间紧迫来不及设计，或者因为能力不够不会设计，都会导致零设计项目的出现，即招标时无法预计工作内容和工作量。这时招标人可能要被迫签订**成本加酬金合同**，即按照实际的工作内容和工作量，依据实际发生的成本加上事先在合同里约定的项目利润作为最终的结算价格。成本加酬金合同对招标人的履约风险最大，而投标人的履约风险最小。如果项目处于卖方市场，或者是寡头垄断市场，投标人都有机会签订成本加酬金合同。

工程建设项目领域常见的一种合同类型为**费率合同**。它其实是固定单价合同和成本加酬金合同的结合：在有定额和信息价的部分是固定单价合同，而在项目其他部分是成本加酬金合同。

综合合同是指一个大的项目里，在不同的子项目上采用不同的合同计价类型。

至于标准合同条件和合同范本的选择，国际项目可以参照国际咨询工程师联合会FIDIC（Fédération Internationale Des Ingénieurs Conseils）的红、黄、银、绿皮书和英国土木工程师学会ICE（the Institution of Civil Engineers）的合同条件。我国各行业主管部门、地方政府，包括各类行业协会也出台了不同的合同范本，可结合项目实际情况选择。标准合同条件和合同范本经过广泛及反复使用，不断地修改和完善，已使合同双方的权利、义务、风险和责任达到较好的均衡。而且采用标准合同条件和合同范本，可吸引有实力、有能力的投标人参加投标竞争，便于投标人事先对合同条件进行反复分析与运用，评估其风险以及可能获得的利益，从而在投标时报出准确的合理价格。标准合同条件和合同范本的使用，也为招标人培养优秀的合同管理人员提供了稳定的依据，避免被迫适应不断变化的合同条件开展工作。

3.2.6　投标人资格要求

投标人资格要求主要从资质、能力、业绩和信誉四个方面综合评估投标人的合法性、资格性以及未来的履约能力。它根据具体项目特点并结合以往项目经验，按照相关法律规定提出。

3.2.7 评标方法类型

由于工程招标、货物招标和服务招标的不同工作轴向，需要使用不同的评审定标方法。评标方法类型包括专家评议法、价格评标法、经评审的最低投标价法、综合评估法、性价比法、两阶段评标法等。

3.2.8 甲供、乙供与甲控

工程项目中重要的、金额大、批量大的、标准化程度高的材料、设备的采购建议**甲供**，即由建设单位（也称甲方、业主、发包人）自行采购。例如某房地产公司同时有十几个楼盘正在施工，其中的卫浴设备可以考虑由开发商自行组织集中的大批量采购，这样较容易从供应商那获得更多的价格优惠，又便于控制卫浴产品的质量。

乙供是由承包商（也称乙方、施工单位）负责采购工程所需材料、设备。这样建设单位比较省事，而且承包商有长期的渠道供应伙伴，又了解市场行情，也许比建设单位自行采购效果更好。如果建设单位既想控制材料、设备质量，又想省事，就可以考虑甲控。

甲控的操作模式中，建设单位的介入可深可浅。甲控模式中，建设单位介入采购最深的操作是甲乙双方联合采购、联合招标；建设单位介入采购最浅的操作是承包商编制的采购文件需要经过建设单位审查批准后才能开始采购；建设单位介入不深不浅的甲控操作是建设单位派专家参与承包商的采购评审过程。

一个工程项目中，材料、设备的采购具体哪些部分采取甲供、乙供、甲控的模式，需要在招标时约定清楚。当然工程、服务部分也可以约定甲供、乙供、甲控，只是在实际工作中比较少见或者不这么称呼罢了。

3.2.9 框架协议采购

框架协议采购是在采购过程中以框架协议的方式约定部分合同要素，最终采购合同要在确定所有合同要素后正式签署。框架协议采购主要适用于企业集团或政府采购的采购人实施集中采购的项目。最常见的框架协议采购是采购人为多个实施主体在一定时期内的零星的、应急的或重复使用量大的，技术标准简单、规格要求相同的工程、货物或服务组织一次性的集中采购，签署框架协议。采购人通过招标、谈判、询价等方式，与承包商、供应商签订工程、货物或服务的统一采购框架协议，协议中约定有效期内采购工程、货物和服务的技术规格要求和合同单价，不约定或大致约定采购标的数量和合同总价，各采购实施主体按照采购框架协议分别与一个或几个供应商分批次签订和履行采购合同。为了适应有效期内工程、货物或服务的市场价格波动，框架协议中可以合理选择一个价格联动机制，适时调整框架协议所确定的工程、货物或服务的合同单价，也可以约定定期更新汰选框架协议承包商、供应商的数量及其单价的动态调整办法。

1.集中采购

优点：采购数量增加，可提高与卖方的谈判力度，容易获得更多的价格折扣和更好的服务，特别是供应商所在行业处于寡头垄断状态时；较容易实施统一的采购方针，统筹安排采购物料；精简人力，提高工作的专业化程度，如果在采购过程中技术要求高，采购人员必须与项目技术人员紧密配合的，就必须实行集中采购；可综合利用各种信息，形成信息优势；易于稳定与供应商的关系；公开采购，集中决策，可防止腐败。

缺点：采购流程长，手续多，时效性差；采购与需求分开，有时难以准确了解一线需求，降低采购绩效。

适用范围：采购对象通用性高的项目；专业技能要求高的项目；市场供应垄断的项目。

2.分散采购

优点：采购流程短，时效性好；采购与一线需求能较好地结合，采购绩效好。

缺点：供应商响应性不强；采购过程控制和库存控制都比较差；特殊技术要求会因采购人员无相应专长而出现采购偏差；分散采购容易发生采购机构重复设置的冗员现象，也不易控制采购行为，容易导致腐败。

适用范围：采购对象通用性低的项目；采购人的需求个性化很强的项目；承包商、供应商的地理分布较广的地域性采购项目；紧急的、零星的采购项目。

3.2.10 不招标部分的处理依据

如果不属于依法必须进行招标的项目，按照单位采购制度选择招标采购方式或非招标采购方式均可。但如果属于依法必须进行招标的项目，选择不招标就需要足够的法律依据。

1.企业采购领域依法必须进行招标的项目可以不招标的法律规定

《招标投标法》第六十六条　涉及国家安全、国家秘密、抢险救灾或者属于利用扶贫资金实行以工代赈、需要使用农民工等特殊情况，不适宜进行招标的项目，按照国家有关规定可以不进行招标。

《招标投标法实施条例》第九条　除招标投标法第六十六条规定的可以不进行招标的特殊情况外，有下列情形之一的，可以不进行招标：

（一）需要采用不可替代的专利或者专有技术；

（二）采购人依法能够自行建设、生产或者提供；

（三）已通过招标方式选定的特许经营项目投资人依法能够自行建设、生产或者提供；

（四）需要向原中标人采购工程、货物或者服务，否则将影响施工或者功能配套要求；

（五）国家规定的其他特殊情形。

招标人为适用前款规定弄虚作假的，属于招标投标法第四条规定的规避招标。

《工程建设项目施工招标投标办法》第十二条　在建工程追加的附属小型工程或者主体加层工程，原中标人仍具备承包能力，并且其他人承担将影响施工或者功能配套要求。

《工程建设项目勘察设计招标投标办法》第四条　主要工艺、技术采用不可替代的专利或者专有技术，或其建筑艺术造型有特殊要求；技术复杂或专业性强，能够满足条件的勘察设计单位少于三家，不能形成有效竞争。

《建筑工程设计招标投标管理办法》（住房和城乡建设部令第33号）第四条　对建筑艺术造型有特殊要求，并经有关主管部门批准的。

2.政府采购领域依法必须进行公开招标的项目可以不公开招标的法律规定

《政府采购法实施条例》第二十三条　采购人采购公开招标数额标准以上的货物或者服务，符合政府采购法第二十九条、第三十条、第三十一条、第三十二条规定情形或者有需要执行政府采购政策等特殊情况的，经设区的市级以上人民政府财政部门批准，可以依法采用公开招标以外的采购方式。

政府采购政策，是指通过制定采购需求标准、预留采购份额、价格评审优惠、优先采购等措施，实现节约能源、保护环境、扶持不发达地区和少数民族地区、促进中小企业发展等目标。

3.2.11 招标组织形式

招标组织形式包括自行招标和委托招标。**自行招标**就是招标人自己选派人员负责招标的组织工作。**委托招标**是委托第三方的招标代理机构帮助组织招标活动。是否自行招标，按照《招标投标法》的说法是自由的，只要招标人具有编制招标文件和组织评标的能力，招标人可以自由选择自行招标还是委托招标。但实际工作中，招标人又往往不是自由的。国家发展和改革委员会对于需要经审批核准的项目，需要按照《工程建设项目自行招标试行办法》（国家计委令第5号）的规定，在项目立项报告里申请并获得批准，才能够自行招标。财政部对于集中采购目录以内的政府采购项目，要求必须委托政府采购集中采购机构进行招标，不能自行招标。各地方政府、行业主管部门也出台了很多类似的约束性规定。也就是说，招标人如果要采用自行招标这种招标组织形式，一定要注意有没有这些相关法律规定。

3.2.12 市场供求状况调查

通过专业媒体、互联网，以及实地调查、搜集已完工类似项目历史资料等市场调研方式，了解有可能参与本招标项目的潜在投标人的数量、资质能力、类似业绩、设备、技术特长等有关信息，分析预判有兴趣的潜在投标人的规模、数量以及可能的投标报价等情况。

3.2.13 招标工作计划

招标工作计划结合整体项目的展开，制订招标工作内容、先后顺序、时间节点的计划，以确保招标工作能够配合整体项目按时保质完成。

1.确定招标采购目标

招标采购目标通过准确的采购需求分析，采取正确的采购策略，编制完善的招标文件，设定科学的评标方法，营造公平的竞争氛围，经过规范的投标竞争，筛选出能够满足所有采购需求的最优承包商、供应商，并及时签订采购合同，以配合整体项目顺利开展。

2.核查招标前提条件

（1）合法资格性：招标人应为法人或其他合法组织。自行招标应具备编制招标文件、组织开标评标的能力；委托招标的，代理机构已获得授权。

（2）批准手续：招标项目按照国家有关规定需要履行项目审批、核准手续的，应当已获得批准。

（3）资金落实情况：招标人应当确保招标项目的相应资金或者资金来源已经落实。

3.招标项目前期备案表

把招标方案中的主要内容列表示意，并报经单位主管人员批准。它是本次招标的纲要性文件。

4.招标安排与进度计划

根据招标人需求、招标项目特点，以及整体项目的推进计划和必要的招标步骤，按照如图3-4所示的招标流程，分解具体招标工作及其阶段性目标，包括文件编制、资格审查、接受标书、开标、评标、定标、签订合同等每项工作，都按预定招标项目完成时间倒推计算每项工作的开始时间和完成时间。特别要

图3-4　招标投标流程

注意法律法规对其中某些工作安排有强制性的时间要求。

5.项目组成员的构成与分工

将整个招标项目的工作任务和目标，按照招标工作流程一一分解到每个具体的工作岗位。明确相关人员的工作职责，做好进度检查，督促招标团队内部的衔接与配合。

6.招标采购与整体项目进展的衔接

随着整体项目的开展，各部分的工作进度不一样，这需要招标采购人员做好及时的衔接与配合。例如按照工程建设顺序，设计要在施工前，那么设计招标也需要在施工招标之前，而且要确保设计招标完成的时间加上实际设计时间能够赶在预定的施工开始招标时间之前。同理，施工招标应该在货物招标之前，但是有的货物招标必须提前，例如电梯，每个品牌型号的电梯尺寸不一样，所以必须先做电梯招标，确定电梯井尺寸，才能够开始建筑设计。所以电梯招标反而要在设计招标之前。

7.需要的支持与配合

需要单位提供的资源以及其他部门配合、协助事项。

3.3　准备交易对手

固然邀请招标需要提前准备好邀标对象，其实公开招标也需要提前准备好若干意向中的交易对手。要想提高招标成功率，就需要提前和潜在交易对手接触，选取其中几家作为优先成交对象。哪怕是公开招标，也可以邀请这几家优先成交对象参与，同时在公开媒体上发布招标信息，吸引更多的潜在投标人参与。这样做并不违背任何法律规定，也不违背公开招标的程序要求。换句话说，公开招标也可以有一部分投标人是招标人邀请来的。提前准备好潜在交易对手，可以让招标更有效率，招标成功率也更有保证。

3.3.1　寻源

（1）市场调研：了解整个市场的供应状况、主流技术、市场发展趋势、市场领导企业和各大潜在承包商、供应商的市场定位。

（2）实际接触：通过专业媒体、互联网，以及承包商、供应商的日常主动问询和介绍，发布采购意向，争取与潜在交易对手发生实际接触。

 案例分析

2022年5月全国企业采购交易寻源询价系统正式上线（图3-5）。该寻源询价系统汇聚中央企业采购交易全供应链3000余万户企业的工商、财务、风险、交易、信用等关键信息，形成上千种主要商品的全国交易价格指数和各地交易均价指数，包括商品寻源、商品询价、工程施工寻源以及企业风险状况查询等功能。面向全国国有企业和各类所有制企业提供服务，助推企业寻源比价数字化和采购交易阳光化，为构建全国企业质量信用认证体系、带动产业链供应链安全稳定、建设全国统一大市场做出积极贡献。

图3-5 全国企业采购交易寻源询价系统

（3）实地考察：有条件的情况下组织采购、质量、研发、工艺、项目管理等多个部门，组成评审团对承包商、供应商进行实地考察。实地考察主要核实承包商、供应商提供的资料、信息的真实性，以及现场感受承包商、供应商的管理水平和企业文化。

3.3.2 评估

交易对手评估主要评价因素：质量、价格、时限、创新、技术、服务、社

第3章 招标准备

63

会责任。

交易对手评估主要评价因素的常用评价指标：

（1）**质量**：验收合格率、让步接收率、质量改善意愿；

（2）**价格**：报价合理性、持续降价能力、运费、库存费用；

（3）**时限**：按时完工率、准时交货率、服务响应时间、货物短缺时长、交期管理方案、工期保障计划；

（4）**创新**：企业管理发展阶段、新管理技术的应用、电子技术和人工智能的运用；

（5）**技术**：技术储备、研发能力、技术人才数量与结构、技术支持力度；

（6）**服务**：服务能力、预警通知（短缺或延迟）、其他增值服务；

（7）**社会责任**：企业文化、业绩信誉、合同履约率、员工流失率、员工满意度、员工加班率、社会责任表现。

根据这七个方面的评价因素以及进一步细分的各项评价指标，每项指标给予一定的分值，就可以用打分的方法量化评估各潜在交易对手。评估合格的潜在交易对手可纳入供应商库，即进入未来招标采购的潜在交易对手短名单。

一旦开始招标，如果是邀请招标，可以直接邀请此潜在交易对手短名单上的潜在交易对手来投标；如果是公开招标，可以在发布招标公告的同时，通知该潜在交易对手短名单上的潜在交易对手来投标。公开招标的投标人可以是看到招标公告来投标的，也可以是事先准备好、私下邀请来投标的，两个来源渠道并行不悖，可以在公开招标时同时进行。

3.3.3　交易对手短名单的建立与资格预审

招标通常会有资格审查环节。资格审查是招标人对潜在投标人的经营资格、专业资质、财务状况、技术能力、管理能力、业绩、信誉等进行多方面的评估审查，以判定其是否具有投标、签订合同和履行合同的资格及能力。把资格审查工作和潜在交易对手短名单的建立工作合二为一，是一种事半功倍的做法，即不再针对每个项目进行资格审查，而是按照年度（或每2年甚至每3年）进行集中的资格预审。它相当于在潜在交易对手评估环节，组织资格预审。让资格预审过关的潜在投标人进入潜在交易对手短名单。实际采购时，直接在此名单中依照法定或既定的成交方法选定成交对象。

这种操作方法还可以把公开招标自然转化为邀请招标,提高采购效率。如此操作时需注意以下两点:

首先,集中资格预审环节必须公开进行,这是公开招标的特征与基本要求,必须公开发布资格预审公告。

其次,邀请招标时,该采购类别上的所有合格申请人都应该被邀请参与投标,不可重新挑选,这才是公开招标通过资格预审转化为邀请招标的规范流程。

1.资格审查方式

(1)资格预审

发布资格预审公告,由潜在投标人提交资格预审申请文件,招标人组织资格审查小组对潜在投标人提交的资格预审申请文件进行审查后,向合格申请人发出投标邀请函(也称资格预审通过通知书),邀请资格预审合格的潜在投标人参与投标。这样就把一场公开招标通过资格预审环节很自然地演变成邀请招标,所有没有收到这份投标邀请函的申请人就没有资格参与这场招标活动。

资格预审的方法有两种:

①**合格制**,每项资格审查标准都要满足,有一项不满足就不能成为合格的资格预审申请人。

②**有限数量制**,将资格审查标准分为两类,一类是必须满足的资格审查标准,有一项不满足就不能成为合格申请人;另一类是允许有一定偏差的资格审查标准,按照总分100分给每项资格审查标准设定一定的分值,逐项打分、汇总并排序,然后按照事先公布的合格申请人数或者合格分数线决定资格预审合格申请人,并向其发放资格预审通过通知书。

资格预审的优点:减少评标工作量,缩短评标工作时间,提高评标工作质量,降低评审费用,避免不合格投标人对招标活动的干扰。

资格预审缺点:多了一个资格预审环节,可能会拖慢招标进度,而且这个环节还需要费用。

资格预审适用于技术复杂且根据市场供求状况预计潜在投标人比较多的招标项目。技术复杂但预计潜在投标人不多的招标项目不需要进行资格预审;预计潜在投标人很多,但是因为技术简单所以评标工作量并不大的招标项目,也不需要进行资格预审。前面说过,一般情况下参与招标项目的独立的投标人有5~10家就是一个比较理想的状态。所以在一个技术复杂且预计潜在投标人比较多的招标项目里,如果合格制能够把潜在投标人的数量控制在10家以下,就进行合格制的资格预审；如果因为预计参与本招标项目的潜在投标人特别多，估计采用合格制已经不能把潜在投标人的数量控制在10家以下，就需要采用有限数量制的资格预审。实际工作中比较常见的做法，是在有限数量制的资格预审文件中约定资格预审合格申请人数量为7～9家。

（2）资格后审

一般招标项目采用资格后审的资格审查方式。资格后审就是招标开始时直接发布招标公告，在招标公告中提出投标人资格要求。潜在投标人不需要像资格预审的招标项目那样事先提出申请，可以直接投标。招标人会在评标时，首先进行资格审查工作。此时资格审查不过关的直接废标（也称否决投标或投标无效），不再对其作进一步评审。资格后审的方法只有合格制，没有有限数量制。

2.资格审查标准

资格审查标准主要包括四个方面：资质（资格）、能力、业绩、信誉。

（1）**资质（资格）**：我国普遍实行企业经营资格、资质、生产许可和从业人员职业资格等管理制度，大多数项目招标需要审查投标资格。

（2）**能力**：财务状况（包括资产规模、营业收入、资产负债率、流动比率、速动比率、应收账款和存货周转情况、银行资信等级、资产状况证明等）、拟投入技术和管理人员情况、拟投入设备能力、其他技术能力等。对于部分需要专门实施技术认证的货物，可以利用技术认证机构出具的产品型式试验或检验报告考察潜在投标人的技术能力。

（3）**业绩**：近年完成的类似项目情况（合同、中标通知书、竣工验收报告、设备运行状况检测报告等）。母、子公司不能互用业绩。货物代理销售的业绩不能作为货物设计制造的业绩。

（4）**信誉**：信用认证与评价情况，近年发生的诉讼及仲裁，质量和安全事故，合同履约情况，是否存在投标人的限制情形（利害冲突/违法违规），质量管理、职业健康安全管理和环境管理体系认证书，企业、工程、产品的获奖、荣誉证书等。

3.工程资质管理规定

根据《建筑业企业资质管理规定》（住房城乡建设部令第22号），从事土木工程、建筑工程、线路管道设备安装工程、装修工程等活动的企业应当按照其拥有的资产、主要人员、已完成的工程业绩和技术装备等条件申请建筑业企业资质，经审查合格，取得建筑业企业资质证书后，方可在资质许可的范围内从事建筑施工活动。住房和城乡建设部负责全国建筑业企业资质的统一监督管理。交通运输部、水利部、工业和信息化部等有关部门配合住房和城乡建设部实施相关资质类别建筑业企业资质的管理工作。2022年住房和城乡建设部正在对原有的《建筑业企业资质标准》进行修改，新的《建筑业企业资质标准》可能有以下主要内容：

（1）《建筑业企业资质标准（征求意见稿）》将建筑业企业资质分为施工综合资质、施工总承包资质、专业承包资质和专业作业资质4个序列。其中施工综合资质不分类别和等级；施工总承包资质设有13个类别，分为2个等级（甲级、乙级）；专业承包资质设有18个类别，一般分为2个等级（甲级、乙级，部分专业不分等级）；专业作业资质不分类别和等级。

①施工总承包工程应由取得施工综合资质或相应施工总承包资质的企业承担。取得施工综合资质和施工总承包资质的企业可以对所承接的施工总承包工程的各专业工程全部自行施工，也可以将专业工程依法进行分包。对设有资质的专业工程进行分包时，应分包给具有相应专业承包资质的企业。取得施工综合资质和施工总承包资质的企业将专业作业分包时，应分包给具有专业作业资质的企业。

②设有专业承包资质的专业工程单独发包时，应由取得相应专业承包资质的企业承担。取得专业承包资质的企业可以承接具有施工综合资质和施工总承包资质的企业依法分包的专业工程或建设单位依法发包的专业工程。取得专业承包资质的企业应对所承接的专业工程全部自行组织施工，专业作业可以分包，但应分包给具有专业作业资质的企业。

③取得专业作业资质的企业可以承接具有施工综合资质、施工总承包资质和专业承包资质的企业分包的专业作业。

④取得施工综合资质和施工总承包资质的企业，可以从事资质证书许可范围内的相应工程总承包、工程项目管理等业务。

（2）《工程勘察资质标准（征求意见稿）》将工程勘察资质分为工程勘察综合资质和工程勘察专业资质2个序列。工程勘察综合资质是指涵盖所有工程勘察专业的工程勘察资质，不分类别、等级。工程勘察专业资质分为岩土工程、工程测量和勘探测试3类，设有甲级、乙级。

（3）《工程设计资质标准（征求意见稿）》将工程设计资质分为工程设计综

合资质、工程设计行业资质、工程设计专业资质、建筑工程设计事务所资质4个序列。工程设计综合资质是指涵盖所有行业、专业和事务所的工程设计资质，不分类别、等级。工程设计行业资质是指涵盖某个行业中的全部专业的工程设计资质，设有14个类别和甲级、乙级（部分资质只设甲级）。工程设计专业资质是指某个行业资质标准中的某个专业的工程设计资质，其中包括可在各行业内通用，且可独立进行技术设计的通用专业工程设计资质，设有67个类别和甲级、乙级（部分资质只设甲级）。建筑工程设计事务所资质是指由专业设计人员依法成立，从事建筑工程专业设计业务的工程设计资质，设有3个类别，不分等级。

（4）《工程监理企业资质标准（征求意见稿）》将工程监理企业资质分为综合资质、专业资质2个序列。其中综合资质不分类别、不分等级；专业资质设有10个类别，分为2个等级（甲级、乙级）。

工程建设项目的招标人应根据所招标的工程项目的类型、标准、规模，按照上述四个资质标准规定，科学合理地设定潜在投标人需要具备的企业资质序列、类别和等级。不可以人为抬高门槛，设定高于该工程项目实际需要的资质标准来限制竞争，或排斥特定投标人。

例如，某办公楼为25层单体建筑（高度90m），建筑面积为30000m^2，工程概算为1亿元，通过查阅建筑业企业资质新标准可以得出，具有建筑工程施工总承包乙级资质企业即可承担。对于该招标项目，招标人设定的申请人资质应当是具有建筑工程施工总承包乙级资质（或以上）企业。如果招标人设定的申请人的资质是建筑工程施工总承包甲级资质，则排斥了具有建筑工程施工总承包乙级资质的企业参加投标的资格。

4.货物资格管理规定

（1）针对**企业的生产许可证制度**

《工业产品生产许可证管理条例》第二条 国家对生产下列重要工业产品的企业实行生产许可证制度：

①乳制品、肉制品、饮料、米、面、食用油、酒类等直接关系人体健康的加工食品；

②电热毯、压力锅、燃气热水器等可能危及人身、财产安全的产品；

③税控收款机、防伪验钞仪、卫星电视广播地面接收设备、无线广播电视发射设备等关系金融安全和通信质量安全的产品；

④安全网、安全帽、建筑扣件等保障劳动安全的产品；

⑤电力铁塔、桥梁支座、铁路工业产品、水工金属结构、危险化学品及其包装物、容器等影响生产安全、公共安全的产品；

⑥法律、行政法规要求依照本条例的规定实行生产许可证管理的其他产品。

在中华人民共和国境内生产、销售或者在经营活动中使用列入目录产品的，应当遵守本条例。

一般工业产品的质量安全通过消费者自我判断、企业自律和市场竞争能够有效保证的，或者通过其他认证制度能够有效保证的，不列入生产许可证产品目录，不实施生产许可证管理。

2019年国务院在《国务院关于调整工业产品生产许可证管理目录加强事中事后监管的决定》（国发〔2019〕19号）中发布《实施工业产品生产许可证管理的产品目录》，调整后继续实施工业产品生产许可证管理的产品（共计10类），如表3-1所示。

工业产品生产许可证管理的产品目录　　　　　　　　　　表3-1

序号	产品名称	实施机关
1	建筑用钢筋	国家市场监督管理总局
2	水泥	国家市场监督管理总局
3	广播电视传输设备	国家市场监督管理总局
4	人民币鉴别仪	国家市场监督管理总局
5	预应力混凝土铁路桥简支梁	国家市场监督管理总局
6	电线电缆	省级市场监督管理部门
7	危险化学品	省级市场监督管理部门
8	危险化学品包装物及容器	省级市场监督管理部门
9	化肥	省级市场监督管理部门
10	直接接触食品的材料等相关产品	省级市场监督管理部门

（2）针对产品的强制性认证制度

国家对涉及人类健康和安全、动植物生命和健康，以及环境保护和公共安全的产品实行产品的强制性认证制度。

《强制性产品认证管理规定》（国家质量监督检验检疫总局令第117号）第

二条 为保护国家安全、防止欺诈行为、保护人体健康或者安全、保护动植物生命或者健康、保护环境，国家规定的相关产品必须经过认证，并标注认证标志后，方可出厂、销售、进口或者在其他经营活动中使用。

2018年3月，中共中央印发了《深化党和国家机构改革方案》，组建了国家市场监督管理总局。国家认证认可监督管理委员会职责从此划入国家市场监督管理总局。目前最新的《强制性产品认证目录》是由国家市场监督管理总局（认监委）于2020年4月在《市场监管总局关于优化强制性产品认证目录的公告》（国家市场监督管理总局公告2020年第18号）中发布的，优化后的《强制性产品认证目录》共17大类103种产品。凡列入目录的产品，必须经国家指定的认证机构认证合格、取得相应的认证证书，并加施认证标志后，方可出厂销售、进口和在经营性活动中使用。认证标志的名称为"中国强制认证"（英文名称为"China Compulsory Certification"，可简称为"3C"标志）。

（3）特殊行业的规定

《安全生产许可证条例》第二条 国家对矿山企业、建筑施工企业和危险化学品、烟花爆竹、民用爆炸物品生产企业实行安全生产许可制度。企业未取得安全生产许可证的，不得从事生产活动。国务院安全生产监督管理部门负责中央管理的非煤矿矿山企业和危险化学品、烟花爆竹生产企业安全生产许可证的颁发和管理。

企业未取得安全生产许可证的，不得从事生产活动。

《特种设备安全监察条例》第二条 本条例所称特种设备是指涉及生命安全、危险性较大的锅炉、压力容器（含气瓶，下同）、压力管道、电梯、起重机械、客运索道、大型游乐设施和场（厂）内专用机动车辆。

前款特种设备的目录由国务院负责特种设备安全监督管理的部门制订，报国务院批准后执行。

第三条 特种设备的生产（含设计、制造、安装、改造、维修，下同）、使用、检验检测及其监督检查，应当遵守本条例，但本条例另有规定的除外。

军事装备、核设施、航空航天器、铁路机车、海上设施和船舶以及矿山井下使用的特种设备、民用机场专用设备的安全监察不适用本条例。

房屋建筑工地和市政工程工地用起重机械、场（厂）内专用机动车辆的安装、使用的监督管理，由建设行政主管部门依照有关法律、法规的规定执行。

目前最新的《特种设备生产单位许可目录》是由国家市场监督管理总局于2021年11月在《市场监管总局关于特种设备行政许可有关事项的公告》（2021年第41号）中发布的。

如果招标采购的货物需要工业产品生产许可证，或强制性产品认证证书，或安全生产许可证，或特种设备生产单位许可的，投标人必须具备相应的许可证或认证证书。

3.3.4　交易对手短名单的管理与优化

交易对手优化原则包括：门当户对原则、半数原则、供应源数量控制原则、战略合作原则。

1.门当户对原则

是普通的采购人就不要一味攀高枝、非行业领袖品牌"不嫁"（交易）；是行业领先的企业、实力雄厚的采购单位，也不要过于"下嫁"，可以选择有品质、有声誉的承包商和供应商合作。门当户对的需求—供应关系合作起来会更顺畅。

2.半数原则

一般情况下采购数量不要超过承包商、供应商项目实施能力的一半，以增强供应的保障能力，减少不确定性，并为其他突发变故留有余地。

3.供应源数量控制原则

在每个工程类别上、每个货物品目上、每个服务方向上维持3～5家潜在交易对手就可以。数量太多，增加管理成本；数量太少，缺乏竞争，甚至在后期实施招标时被动。例如邀请招标可以至少邀请4～5家来投标，有1～2家不来也能确保3家以上的投标人参与投标，邀请招标才能顺利实施。

4.战略合作原则

在遇到独家垄断供应的时候，需要寻找突破方向，以摆脱被动的局面。除了寻找替代方案和扶持其竞争对手之外，和垄断供应商结成更紧密的战略合作伙伴关系，也是一个好的做法。

潜在交易对手短名单管理，也就是平时常说的供应商库的管理，需要实行动态管理、末位淘汰制度。按年度或季度做承包商、供应商的动态考核，考核成绩差的应予清除出潜在交易对手短名单，同时补充新的评估合格的潜在交易对手进入潜在交易对手短名单。

　　需要特别指出的是，这份潜在交易对手短名单，不仅可以用于采购人的招标采购项目，也可以用于采购人的其他非招标采购（比选、谈判、比价等）项目。

 案例分析

　　××银行的采购专员老王，正面临一项困难的供应商抉择——复印机租赁合同的竞争者只剩下最后的A和B两家公司。A公司给出更加有利的报价，但是老王对与A公司以前的合作并不满意。

　　××银行使用的225台复印机，其中100台是根据一份4年期的合同从A公司租赁的。4年前，××银行与A公司供应商签订了一份为期4年的租赁复印机合同。A公司是一家大型的跨国公司，在市场中占主导地位，它以复印每页大约0.07元的投标价格获得了合同。但在合同执行过程中，A公司表现得很一般，它提供的所有复印机都没有放大功能且不能保证及时维修。

　　4年后合同期满，需要重新签订合同。这一次当地一家小公司B公司获得了合同。激烈的竞争和生产复印机成本的降低，使B公司提供了复印每页0.05元的价格。另外，B公司提供了多种规格和适应性很强的机型，有放大、缩小等多种功能。老王对B公司比较满意，并准备与其总经理签订4年的合同，该总经理承诺将提供每一台复印机的服务记录，而且还允许老王决定何时更换同类型的复印机，即老王有权随时更换掉经常出故障的复印机。

　　在××银行与A公司合作的4年期间，A公司曾不断向××银行介绍A公司的其他系列产品，老王对此很反感，因为：①老王从事采购工作的6年间，A公司曾先后更换了13位销售代表；②××银行明确规定所有采购都要由采购部门完成，而A公司的代表明知这项规定却有时直接与最终的使用部门联系而不通过××银行采购部门。

　　老王曾进行过招标，共收到19份复印机租赁合同的投标。老王把范围缩小到5家，其中包括A和B两家公司，最后再经过筛选，确定为A和B两家公司。

　　淘汰其他投标者的主要原因是：①那些供应商缺乏供应的历史记录，不能满足××银行的业务要求；②没有计算机化的服务系统，也没有计划要安装。

　　这次A公司的投标中包括重新装备的复印机，并提供了与B公司相似的服务，而且价格比B公司还要低20%。老王在考虑影响他短期内作出决策的因素时，感到有些犹豫：显然A公司提供了一个在价格方面很有吸引力的投标，但在其他方面又会如何呢？另外又很难根据过去的表现来确定A公司的投标合理性。同时，B公司虽然是一家小公司，对老王来说又是新的供应商，还没有足够的事实能够确定它能提供它所承诺的服务。如果签订的采购合同不公平，很可能会带来一些消极影响。老王必须权衡许多问题，并被要求在3天内向采购部门提出一份大家都能接受的建议。

 分析

（1）供应商评估是建立交易对手短名单的关键。将定性的评估转化为量化评估，会让整个供应商评估工作更科学合理，更有说服力。所以本案例的关键是要建立一个量化评估的体系来衡量两个供应商谁应该胜出。

（2）供应商评估主要评估七个方面：质量、价格、时限、创新、技术、服务、社会责任。设计一个总分值为100分的计分体系，如表3-2所示。

供应商评估体系表 表3-2

评估项目	复印质量	价格	服务及时响应性	管理创新	技术能力	服务水平	社会责任	总分
权重分布	25	25	10	10	10	10	10	100

设计思路：

1）服务项目的采购不适合把价格因素看得太重，政府采购服务项目的招标价格分不低于10分即可。××银行是企业，企业的服务招标可以把价格因素看得比政府采购重一些，一般会设定企业服务招标的价格权重在20%～30%。本案例取中间值，设定价格分25分。

2）所有采购首要追求的是购买标的物"物美价廉"，要把质量放在价格之前考虑。如果对质量没有足够的把握与控制，就像本案例这类很个性化的服务产品，不适合把质量权重设定得比价格权重低。本案例选择质价均衡，把质量权重设定得与价格一样，质量分也是25分。

3）剩下五项评估因素没有看出哪一项更重要，所以均匀分布，每项分值均为10分。

4）可以在招标文件中公布上述权重分布表，评标委员会据此给A公司和B公司的综合表现打分，总分高的胜出，形成结果文件，这是最好的操作。可惜本案例中老王没有这样做，反而在招标结束后费尽思量。虽然本案例不是一个依法必须进行招标的项目，招标人确实可以在前三名中任意定标。但是老王最终提交的采购建议很有可能没有说服力，不如量化地、客观地评估、建议效果更好。

5）具体打分思考：

①服务招标价格打分公式一般为（政府采购的服务招标使用这个打分公式是法定的）：最低投标价/投标人报价×价格满分=投标人报价得分。按这个打分公式，A公司报价0.04元/页，得分25分；B公司报价0.05元/页，得分20分。

②复印质量、管理创新、技术能力、服务水平这四项方面，双方都没有看出什么问题，应该都得满分。A公司没有复印质量歪斜、重影等问题；19家投标人就剩下这2家的主要原因是它们的管理能力和创新水平得到了认可，采用了先进的IT技术和档案管理，前面说过服务项目的创新能力也是很重要的；技术能力部分，以前的服务过程中A公司提供的复印机确实不具备放大、缩小这些功能，但是在新的投标方案中A公司承诺提供具备这些功能的复印件，应视为满足；服务水平上也没有看出A公司有什么大的瑕疵。而B公司的投标方案里对这四项都有令××银行满意的承诺。可以假定B公司确实能够做到，然后在合同的履约保证金、付款进度、违约责任，包括送进单位和政府的黑名单进一步处理等方法对其进行制约。所以这四项都可以给A公司和B公司满分55分。

③服务及时响应方面，看到A公司有不良记录，维修不及时，应该给予适当扣分，从服务及时响应性的分值10分里扣一半的分数5分。

④社会责任这一项其实很重要。它代表你愿不愿意和这样的一个企业长期合作，你在现在合作中的所有付出能不能得到足够的回馈。A公司企业的员工流失率这么高，一线的销售人员还喜欢做过河拆桥的事情，说明A公司的企业文化不好，应该对社会责任这一项给予A公司适当扣分，从社会责任的分值10分里扣一半的分数5分。

⑤分数汇总情况如表3-3所示。

评审分数汇总表 表3-3

评估项目	复印质量	价格	服务及时响应性	管理创新	技术能力	服务水平	社会责任	总分
权重分布	25	25	10	10	10	10	10	100
A公司得分	25	25	5	10	10	10	5	90
B公司得分	25	20	10	10	10	10	10	95

结果B公司胜出！

第4章 招标文件

4.1 招标文件编制方法

制订了招标方案，准备好潜在交易对手，下一步就是编制招标文件。招标文件是如何编制出来的呢？就一个字"抄"。"抄"什么呢？首要"抄"的方向是国家级范本。国家级范本都是很多专家花费时间编写出来的，考虑问题比较周到，写得也够漂亮。

4.1.1 企业招标和政府采购工程招标项目的标准招标文件范本

近些年来，国家发展和改革委员会牵头九个部委对于工程建设项目共出台了九个范本。依法必须进行招标的项目必须使用这些范本进行招标，不是依法必须进行招标的项目可以借鉴这些范本。

（1）《中华人民共和国标准施工招标资格预审文件》；

（2）《中华人民共和国标准施工招标文件》；

（3）《中华人民共和国简明标准施工招标文件》；

（4）《中华人民共和国标准设计施工总承包招标文件》；

（5）《中华人民共和国标准设备采购招标文件》；

（6）《中华人民共和国标准材料采购招标文件》；

（7）《中华人民共和国标准勘察招标文件》；

（8）《中华人民共和国标准设计招标文件》；

（9）《中华人民共和国标准监理招标文件》。

各行业主管部门也出台了一些颇具行业特色的范本。

（1）商务部《机电产品采购国际竞争性招标文件》；

（2）住房和城乡建设部《房屋建筑和市政工程标准施工招标资格预审文件》《房屋建筑和市政工程标准施工招标文件》等；

（3）交通运输部《公路工程标准施工招标文件》《公路工程标准施工招标资格预审文件》等；

（4）工业和信息化部《通信工程建设项目施工招标文件范本》《通信工程建设项目货物招标文件范本》等。

4.1.2 政府采购货物和服务标准招标文件范本

大多数省、直辖市、自治区财政部门制定了本地区的政府采购货物和服务的招标文件范本。财政部还编制了《国际金融组织项目国内竞争性招标文件范本》（其中包括货物采购和土建工程）。

除了法定的强制使用情形之外，这些范本之间可以互相借鉴。例如国有企业与新建、扩建、改建工程无关的货物的招标采购，虽然不属于依法必须进行招标的项目，可以不使用标准范本，但还是可以借鉴国家发展和改革委员会的设备招标文件范本或材料招标文件范本，也可以借鉴政府采购的货物和服务项目的招标文件范本。如果实在没有合适的国家级范本或者省级的范本可以借鉴的话，另外一个"抄"的方向就是到兄弟单位或者招标代理机构找一些同类型的项目、曾经操作比较成功的招标文件，可以拿过来当作范本。

4.1.3 标准招标文件范本的使用方法

招标文件范本具体要怎么"抄"呢？以一个写得非常好的国家级范本举例。

《中华人民共和国标准施工招标文件》

目录

八、拟分包项目情况表

九、资格审查资料

十、其他材料

第一章是"招标公告"和"投标邀请书"，共有三种格式针对三种不同情形，公开招标有两种格式：未资格预审的直接发"招标公告"，有资格预审的发"资格预审通过通知书"（也是一种投标邀请书）；邀请招标有一种格式是"投标邀请书"。第一章最好"照抄"，因为不可能写得更漂亮！

第二章是"投标人须知"，这一章还是建议"照抄"。"投标人须知"是什么呢？就是游戏规则。招标投标其实就是一场游戏。当然不是让大家以游戏的心态来面对招标投标这件事情。也可以称之为博弈，在英文里博弈和游戏是一个单词"GAME"。制定游戏规则最怕什么呢？就是虑事不周，留有漏洞，后期给人钻了空子。在制定招标规则的时候，招标人不可能比专家考虑问题更周到。所以第二章"投标人须知"部分如果没有十足的把握，不要轻易改动国家级范本的内容。如果对"投标人须知"正文的内容有改动，应该把这些改动部分放进"投标人须知前附表"。"投标人须知前附表"一方面是强调，另一方面就是补充和修改的内容。"投标人须知前附表"和"投标人须知"正文不一致的话，以"投标人须知前附表"为准。

第三章"评标方法"是第一个不能"抄"的地方。招标的成败取决于招标采购人员的两个素质：**预见性**和**分寸感**。如果事先预见到在招标过程中有可能发生的一些异常情况，提前在招标文件中做一些约定。事后真的发生了，处理起来就很容易。如果没有预见到，事先没有约定，事情发生后处理起来就会非常困难。同时招标采购人员的分寸感也很重要。投标价每偏离评标基准价1%是扣1分好，还是扣2分好，或是扣0.5分更合理，它决定了评标方法是否科学合理，会导致完全不同的评标结果。这种评标方法设计中的分寸感，来自于招标采购人员长期的招标工作经验和行业工作经验，而这些经验是旁人无法替代的。所以招标采购项目评标方法的设计，需要招标采购人员发挥这种分寸感、工作责任心，设计评标方法里的每一个细节，才能确保招标采购项目的成功。

第四章"合同条款及格式"中"通用合同条款"和合同格式及"合同附件格式"都是可以"抄"的。国家发展和改革委员会发布的范本里的通用条款基本上借鉴FIDIC合同条件，只是做了一些本土化改造。例如，FIDIC红皮书中的合同条件里没有"违约"这一条款。而我国增加了"违约"这一条。但是"专用合同条款"是招标文件编制中第二个不能"抄"的地方。它的特点是招标人想什么就写什么，要什么就写什么。与通用合同条款逐条比对，符合项目实际需要的条款，就留下来；不符合项目实际情况、不符合需求的"通用合同条款"就把它改掉，这一改，就改出一条"专用合同条款"。你为什么要改这条"通用合同条款"？把这个为什么写出来就是很好的"专用合同条款"。

第五章"工程量清单"和第六章"图纸"都是可以"抄"的。范本里的工程量清单表格、图纸目录架构都是可以"照抄"的。

第三个不能"抄"的地方是第七章"技术标准和要求"。不是不能"抄"，是因为"抄"不到！这份范本里第七章一句话都没写。大多数发布的招标文件范本中对于技术标部分均是语焉不详，最多给出一个大致的框架。因为每个项目的技术要求差异太大，没办法给出统一的模板。

第八章"投标文件格式"也可以完全"照抄"招标文件范本。

总之，依法必须进行招标的项目和政府采购项目在编制招标文件时可能有一些强制性的规定要求采用某种标准范本。其他情况下，可以借鉴（"抄"）最接近招标采购项目实际情况和需要的范本。

4.1.4 招标文件的实质性要求

在招标文件编制中还有一个重要的概念需要强调一下，那就是到底什么是**招标文件的实质性要求**？

招标文件的实质性要求包括项目技术要求、对投标人资格审查的标准、投标报价要求、评标标准、拟签订合同的主要条款，以及下列各项：

（1）投标保证金的数额、提交方式和投标保证金的有效期；

（2）投标有效期和出现特殊情况的处理办法；

（3）工期、货物交货期和提供服务的时间；

（4）是否允许价格调整及调整方法；

（5）是否要求提交备选方案及备选方案的评审办法；

（6）是否允许对非主体、非关键工作或货物进行分包及相应要求；

（7）是否接受联合体投标及相应要求；

（8）对采用工程量清单招标的，应当明确规定提供工程量清单及相应要求；

（9）各项技术规格如安全、质量、环境保护和能耗等，是否符合国家强制性标准与规定；

（10）不得要求或标明特定的生产供应者以及含有倾向或者排斥潜在投标人内容，若必须引用某一供应者的技术规格才能准确或清楚说明拟招标货物的技术规格时，必须明确其处理方法；

（11）对投标文件的签署及密封要求；

（12）履约保证金的数额和担保形式；

（13）投标人信用信息查询渠道及截止时点、信用信息查询记录和证据留存的具体方式、信用信息的使用规则等；

（14）其他必须明确标明的实质性要求和条件。

招标人在招标文件中必须把本项目招标文件的实质性要求予以标注。标注的方法可以加星号、加粗、加下划线或其他标注提示的方法，提醒投标人注意。投标文件对于招标文件的实质性要求不响应将直接导致废标；如果响应了但不完全满足，存在重大偏差将导致废标，细微偏差不废标。通常重大偏差是指不一致，细微偏差是指不完整。

4.2 快速编制技术标的方法

技术标编制和评标方法设计是招标文件编制中的重点和难点。一个好的技术标到底是怎样编制出来的？

4.2.1 工程类招标文件技术标编制

1.工程类招标文件技术标编制要点

（1）单位自有的专家力量；

（2）外聘部分专家顾问；

（3）收集类似工程的技术标准和要求；

（4）与工程设计人员共同商讨编制技术要求文本；

（5）最终使技术要求与项目要求、资金预算和商务条件达成有机结合。

2.工程类招标文件技术标组成内容

（1）招标项目概况及工程范围：发包人名称、工程名称、地点、规模、特点、地质地貌、气候条件、现场情况、建设前期准备情况和地质资料。

（2）各分部分项工程介绍：结构类型、建筑物（构筑物）形式及数量、层数、主要工程内容、对周边环境要求、设计标准。

（3）工期计划：开工日期、竣工日期、完工标准、关键工期目标。

（4）施工场地与条件：现场移交、临时设施与场地、临时用水用电、设备材料现场运输条件、交通工具安排。

（5）发包人工程管理规定。

（6）施工组织设计方案。

（7）文明施工要求：遵守国家、部、省市相关规定、环境保护、施工现场管理、进出口管理、作业区管理、成品半成品管理。

（8）设备材料管理规定：遵守国家相关法律法规、设备说明书、设备采购合同、施工图纸、业主采购设备材料范围、甲供设备材料使用计划、仓储管理、加工设备材料的检验验收、乙供材料申报确认、设备台账。

（9）监理要求：施工准备、工程进度控制、竣工验收、工程质保期的监理。

（10）竣工验收：先分部工程，后子单位工程，最后工程竣工验收、竣工文件及其规范性。

（11）技术规程与标准：国家、部颁现行相关规程与标准。

（12）设备、材料技术标准与质量要求：甲供、甲控、乙供材料。

（13）施工技术准备及人员要求：开工前应具备的条件、施工人员要求、项目经理、技术负责人、各岗人员。

（14）施工技术要求：设备安装、管线敷设、检验与调试、竣工验收检验。

（15）图纸附件。

3.工程类招标文件技术标编制重点

（1）项目管理人员：项目经理、技术负责人

项目经理作为法人单位的代理人，具体组织施工生产和管理各项业务，项目经理的素质及管理水平对工程成败有着至关重要的作用。

（2）注重网络进度计划编排的严密性和科学性

网络进度计划不仅反映施工生产计划安排情况，还反映各工种的分解及相互关系，以及工序操作的时空关系、施工资源分布的合理程度等。评审人员要看计划总工期能否达到要求，工程分部分项工作的施工节拍是否合理，各工种衔接配合是否顺畅，施工资源的流向是否合理均匀，关键线路是否明确，机动

时间是否充分，有无考虑季节性施工的不利影响等，对工程进度计划安排的可行性、合理性作出判断。此外，还可从网络进度计划图的编制水平看出编制人员的技术水平、企业的生产管理水平等。因此，图中的每一个结点和箭头，都要经得起推敲，同时还不能过于烦琐，要着重于主要分部分项工程安排的逻辑关系和时空关系。

（3）重视施工现场平面布置图

施工现场平面布置图可集中反映现场生产方式、主要施工设备投入及布置的合理性。从栈桥、塔式起重机、混凝土泵等大型机械设备的选择和布置，可以看出现场施工材料的组织形式；从材料堆场及临时设施的规模等可反映工程规模以及施工资源的集结程度；从水电管线的布置可以看出施工消耗量；现场设备的数量、性能等则反映了施工生产的主要方式和难易程度等。因此，一份好的施工现场平面布置图如同一份简易的施工方案，是施工生产技术、安全、文明施工、进度、现场管理等形象的简明表述，也是工程招标重点评审的部分。

施工组织设计方案样式

1.概况

1.1工程概况；1.2建筑、结构概况；1.3自然概况

2.施工部署或施工方案

2.1总体布置；2.2项目总目标；2.3施工程序和施工顺序；2.4施工流水段划分；2.5施工工期安排

3.施工准备工作计划

3.1项目部组成；3.2施工技术准备计划；3.3主要机械准备计划；3.4主要劳动力准备计划；3.5主要材料准备计划；3.6施工现场准备计划

4.主要项目施工方法

4.1施工抄平放线；4.2土方工程；4.3地下防水；4.4基础工程；4.5模板工程；4.6钢筋工程；4.7混凝土工程；4.8砖石工程；4.9屋面工程；4.10楼、地面工程；4.11门窗工程；4.12装饰工程；4.13安装工程（每个小项又包括材料选择、作业条件、组砌方法、工艺标准等具体内容）

5.施工平面布置图

5.1布原则；5.2布置内容；5.3布置步骤；5.4施工平面布置图

6.施工进度计划图

6.1编制步骤；6.2施工进度网络图；6.3施工进度横道图；6.4各种累计或分布曲线

7.施工质量保证措施

7.1质量目标；7.2质量保证体系简介；7.3质量保证体系各要素控制；7.4项目组织机构及人员职责；7.5关键、特殊工程的确定及控制

8.施工技术保证

8.1企业技术管理系统；8.2技术管理制度；8.3施工技术措施

9.施工工期保证措施

9.1工期目标；9.2工期保证措施

10.施工安全保证措施

10.1安全目标；10.2组织机构及人员职责；10.3组织机构及人员职责；10.4施工安全措施

11.现场消防保卫措施

11.1现场消防；11.2现场保卫

12.文明施工保证措施

12.1生活卫生；12.2现场场容；12.3现场机械；12.4料具码放

13.成品保护措施

14.雨期施工保证措施

15.冬期施工保证措施

16.信息管理

4.2.2 货物类招标文件技术标编制

1.货物类招标文件技术标编制要点

（1）技术规格的非指定性

可以提出性能、质量上的要求，但不要指定样式，不要套用某一特定产品的技术规格，不要针对特定投标人。

（2）使用标准指标

优先使用国家标准，必要时使用国际标准，尽量减少使用企业标准。

（3）与商务接口保持一致

项目要求、资金预算、各项商务条件、技术服务条款与技术规格要求相匹配。

2.货物类招标文件技术标组成内容

（1）货物概述

描述货物的用途和特征、货物构成、货物设置布局、配置图和设置条件、环境条件、设备应用条件等。采购工程设备时，还应介绍工程总体情况，投标人工作概要，采购设备的现场安装、运行、维护与使用培训，以及与工程的接口与协调服务等内容。

（2）货物整体质量规格

整体质量、性能、构造、形状、尺寸、外观等。

（3）货物制造标准

国际标准或者国家标准，应注明生产该货物所适用的相关法规和标准。

（4）货物分项及零部件的技术规格

货物分项及零部件的技术规格、质量性能要求、精度要求、材料的使用、加工方法、表面涂装等。

（5）货物试验和检验的规定

包括货物本体和分项及零部件的试验和检验，以及交货验收的条件和方式。

（6）其他

安装、培训、备品备件、专用工具、包装、维修和售后服务、供应计划、联络方法等。

3.货物类招标技术文件编制方法

（1）信息收集

对拟招标采购的货物进行必要的市场调研，收集相关资料。调研时应尽可能全面客观，例如应对该类货物的市场发展情况、生产厂家、价格、用户等进行多方面了解。

（2）资料整理

在市场调研、资料收集的基础上，对所收集的材料进行全面分析与研究，主要分析同类货物的市场发展情况、技术先进性及世界各国的技术状况，对同类货物在世界范围内有一个总体的技术分析，将其分类、分等。

（3）收集样本

在对市场有了整体把握后，应选取一些有代表性的生产企业，对其货物样本进行细心研究。

（4）初步编制

在分析代表性样本的基础上，结合需求部门提出的技术要求，编制最初的技术标。

（5）技术交流

选择有代表性的货物生产厂家进行技术交流，在交流中，通过面对面问答，可以对代表性的产品进行更加深入的了解。在交流的基础上，对原先制订的技术标进行必要的修改，同时记录下在技术交流中遗留的问题，以备在技术考察中解决。

（6）技术考察

为了找到更加科学合理的技术规格和要求，对类似货物的技术考察必不可少。通过实地考察，不仅可以了解特定货物的使用状况，还可以获得第一手的实际材料。

（7）再次修订

在技术考察的基础上，结合考察中发现和解决的问题，有针对性地放入技术标中，从而避免重复以前出现的问题。

（8）内部审查

对制订的技术标，可以在单位内部给相关技术人员传阅，也可以外聘专家进行评审。

4.2.3　如何快速编制技术标

前面讲的工程招标和货物招标常规的技术标编制方法，服务招标时也可以如法炮制。但是哪怕有些东西经常买、有经验，但市场是不断变化的，技术也在不断进步、更新迭代，所以不能完全依赖前面所述的常规技术标的编制方法。

有没有办法快速编制比较专业的技术标？有的！那就是想办法利用投标人的专业性和他们之间的竞争。

例如，某单位采购人员需要为单位会议室购置一台投影仪，采购人员可能不知道投影仪的技术参数如何设置，这时可以有三种选择：

（1）兄弟单位去年刚好购置了一台投影仪，把他们的技术标借回来借鉴一下。不过兄弟单位的会议室和采购单位的会议室面积不同，房间的层高也不同，朝向也不一样，所以需要的流明照度是不同的。而且投影仪的技术发展很快，不能购买过时的技术，否则后期的维修保养费用高，零配件的供应也会成为问题。所以，借鉴别人的技术标不是对单位真正负责任的态度。

（2）到市场上找经销投影仪的公司咨询一下技术标应该怎么写，毕竟他们多年经销投影仪有经验。可是这些人的水平到底怎么样，采购人员心里没底。

（3）把投影仪厂家的工程师请过来进行技术交流，形成采购单位自己的技术标。这个做法有两个好处：一是厂家的工程师绝对专业；二是不用托人情或者支付咨询费。

所以采购人员最有可能选择第三种，就是把投影仪厂家的工程师请过来进行技术交流，从他们身上学习并形成采购单位自己的技术标。

每个厂家遇到这样的机会，都会引导采购人员走向他们所擅长的技术路线和产品特点，这时采购人员需要足够的判断力和定力。在这种碰撞过程中，采购人员会逐渐认可某一家或某几家的产品和方案、实力和信誉，以及相关人员的职业素养和人品。采购单位的技术标，主要是在这个基础上完成的，顺理成章。

招标投标天生是一场倾向性活动。在设计评标方法时，有的评审因素权重高，有的评审因素权重低，这都是招标人倾向性的体现。招标人在表达倾向时，一定要坚守八个字：合法、合规、合情、合理。

什么是合法、合规呢？就是招标人的倾向表达必须符合法律规定。我国招标投标相关法律法规对于招标文件的编制有很明确的要求，必须遵守。

什么是合情、合理呢？就是招标人的倾向必须是正能量，是项目所必需的，是可以对项目产生正向推动作用的，而且要确保信息公开。

把潜在投标人邀请或者吸引过来做招标前的技术交流，不仅能帮助招标人形成招标文件的技术标，还能够通过这种标前接触，了解市场行情。例如在招标前接触到的这批潜在投标人中，将比较靠谱的、符合需求档次的潜在投标人的初始报价的平均值作为标底，用潜在投标人的最高价作为最高投标限价，是一种便捷的方法。也可以用这几家潜在投标人的最高价和平均价进行（A+B）/2处理后作为最高投标限价。

标底、评标基准价和最高投标限价三者之间的区别见图4-1。

1.标底

标底是事先通过工程定额标准、服务的取费标准或者货物的市场行情估算出来的一个采购价格。我国现在禁止使用这种事先编制的标底进行评标。因为这些定额标准、取费标准、市场行情反映的是一个市场平均水平，而且很多定额和取费标准不是现在即时制定的，而招标希望可以买到最好的、最先进的、

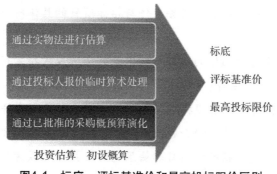

图4-1 标底、评标基准价和最高投标限价区别

最能满足需要的东西。这种事先编制的标底只能作为评标的参考，帮助鉴别有没有遇到高价围标、低价抢标，帮助鉴别有没有遇到明显的不平衡报价。

2.评标基准价

能够用来评标的是**评标基准价**。它是用投标人的报价临时演算出来的一个数值，例如一次平均值、二次平均值、随机平均值。它是即时的市场竞争状况的反映，所以用评标基准价来评标。

3.最高投标限价

最高投标限价，它可以来自于任何东西，也可以不来自任何东西。可以用可行性研究的投资估算作为最高投标限价，也可以用初步设计的投资概算作为最高投标限价，还可以用施工图设计的投资预算或者货物服务项目的采购预算作为最高投标限价。它也可以仅来自以往的招标经验，或者所掌握的市场行情。需要注意的是，招标项目的最高投标限价必须在招标文件中公布，没有在招标文件中公布的，相当于本招标项目没有设置最高投标限价。

4.2.4 招标文件编制的禁止性规定

招标采购中一切倾向性的安排都要发生在法律界限之内，招标人在做倾向性安排时不能违法。那么招标文件编制的禁止性法律规定有哪些呢？

1.企业采购方面

《招标投标法实施条例》第三十二条 招标人有下列行为之一的，属于以不合理条件限制、排斥潜在投标人或者投标人：

（一）就同一招标项目向潜在投标人或者投标人提供有差别的项目信息；

（二）设定的资格、技术、商务条件与招标项目的具体特点和实际需要不相适应或者与合同履行无关；

（三）依法必须进行招标的项目以特定行政区域或者特定行业的业绩、奖项作为加分条件或者中标条件；

（四）对潜在投标人或者投标人采取不同的资格审查或者评标标准；

（五）限定或者指定特定的专利、商标、品牌、原产地或者供应商；

（六）依法必须进行招标的项目非法限定潜在投标人或者投标人的所有制形式或者组织形式；

（七）以其他不合理条件限制、排斥潜在投标人或者投标人。

《工程项目招标投标领域营商环境专项整治工作方案》（发改办法规〔2019〕862号）（二）整治内容：

1.违法设置的限制、排斥不同所有制企业参与招标投标的规定，以及虽然没有直接限制、排斥，但实质上起到变相限制、排斥效果的规定。

2.违法限定潜在投标人或者投标人的所有制形式或者组织形式，对不同所有制投标人采取不同的资格审查标准。

3.设定企业股东背景、年平均承接项目数量或者金额、从业人员、纳税额、营业场所面积等规模条件；设置超过项目实际需要的企业注册资本、资产总额、净资产规模、营业收入、利润、授信额度等财务指标。

4.设定明显超出招标项目具体特点和实际需要的过高的资质资格、技术、商务条件或者业绩、奖项要求。

5.将国家已经明令取消的资质资格作为投标条件、加分条件、中标条件；在国家已经明令取消资质资格的领域，将其他资质资格作为投标条件、加分条件、中标条件。

6.将特定行政区域、特定行业的业绩、奖项作为投标条件、加分条件、中标条件；将政府部门、行业协会商会或者其他机构对投标人作出的荣誉奖励和慈善公益证明等作为投标条件、中标条件。

7.限定或者指定特定的专利、商标、品牌、原产地、供应商或者检验检测认证机构（法律法规有明确要求的除外）。

8.要求投标人在本地注册设立子公司、分公司、分支机构，在本地拥有一定办公面积，在本地缴纳社会保险等。

9.没有法律法规依据设定投标报名、招标文件审查等事前审批或者审核环节。

10.对仅需提供有关资质证明文件、证照、证件复印件的，要求必须提供原件；对按规定可以采用"多证合一"电子证照的，要求必须提供纸质证照。

11.在开标环节要求投标人的法定代表人必须到场，不接受经授权委托的投标人代表到场。

12.评标专家对不同所有制投标人打分畸高或畸低，且无法说明正当理由。

13.明示或暗示评标专家对不同所有制投标人采取不同的评标标准、实施不客观公正评价。

14.采用抽签、摇号等方式直接确定中标候选人。

15.限定投标保证金、履约保证金只能以现金形式提交，或者不按规定或者合同约定返还保证金。

16.简单以注册人员、业绩数量等规模条件或者特定行政区域的业绩奖项评价企业的信用等级，或者设置对不同所有制企业构成歧视的信用评价指标。

17.不落实《必须招标的工程项目规定》（国家发展改革委令第16号）《必须招标的基础设施和公用事业项目范围规定》，违法干涉社会投资的房屋建筑等工程建设单位发包自主权。

18.其他对不同所有制企业设置的不合理限制和壁垒。

2.政府采购方面

《政府采购法实施条例》第二十条　采购人或者采购代理机构有下列情形之一的，属于以不合理的条件对供应商实行差别待遇或者歧视待遇：

（一）就同一采购项目向供应商提供有差别的项目信息；

（二）设定的资格、技术、商务条件与采购项目的具体特点和实际需要不相适应或者与合同履行无关；

（三）采购需求中的技术、服务等要求指向特定供应商、特定产品；

（四）以特定行政区域或者特定行业的业绩、奖项作为加分条件或者中标、成交条件；

（五）对供应商采取不同的资格审查或者评审标准；

（六）限定或者指定特定的专利、商标、品牌或者供应商；

（七）非法限定供应商的所有制形式、组织形式或者所在地；

（八）以其他不合理条件限制或者排斥潜在供应商。"

《关于促进政府采购公平竞争优化营商环境的通知》（财库〔2019〕38号）重点清理和纠正以下问题：

（一）以供应商的所有制形式、组织形式或者股权结构，对供应商实施差别待遇或者歧视待遇，对民营企业设置不平等条款，对内资企业和外资企业在中国境内生产的产品、提供的服务区别对待；

（二）除小额零星采购适用的协议供货、定点采购以及财政部另有规定的情形外，通过入围方式设置备选库、名录库、资格库作为参与政府采购活动的资格条件，妨碍供应商进入政府采购市场；

（三）要求供应商在政府采购活动前进行不必要的登记、注册，或者要求设立分支机构，设置或者变相设置进入政府采购市场的障碍；

（四）设置或者变相设置供应商规模、成立年限等门槛，限制供应商参与政府采购活动；

（五）要求供应商购买指定软件，作为参加电子化政府采购活动的条件；

（六）不依法及时、有效、完整发布或者提供采购项目信息，妨碍供应商参与政府采购活动；

（七）强制要求采购人采用抓阄、摇号等随机方式或者比选方式选择采购代理机构，干预采购人自主选择采购代理机构；

（八）设置没有法律法规依据的审批、备案、监管、处罚、收费等事项；

（九）除《政府采购货物和服务招标投标管理办法》第六十八条规定的情形外，要求采购人采用随机方式确定中标、成交供应商；

（十）违反法律法规相关规定的其他妨碍公平竞争的情形。

总之，招标人要想快速编制招标文件的技术标，就得利用潜在投标人的竞争性，帮助招标人形成技术标。只要守住"合法、合规、合情、合理"这八个字的底线，招标人该怎么做就得怎么做。没有潜在投标人的帮忙，招标人往往没有能力也没有精力把采购需求弄得那么明白，技术标也很难写好。国家现在大力提倡提前发布采购意向，就是希望招标人在招标前多和潜在供应商、承包商接触，利用投标人的专业性来弥补自身专业上的不足。

《政府采购法实施条例》第十五条　采购需求应当符合法律法规以及政府采购政策规定的技术、服务、安全等要求。政府向社会公众提供的公共服务项目，应当就确定采购需求征求社会公众的意见。除因技术复杂或者性质特殊，不能确定详细规格或者具体要求外，采购需求应当完整、明确。必要时，应当就确定采购需求征求相关供应商、专家的意见。

《关于开展政府采购意向公开工作的通知》（财库〔2020〕10号）2020年

在中央预算单位和北京市、上海市、深圳市市本级预算单位开展试点。原则上省级预算单位2021年1月1日起实施的采购项目，省级以下各级预算单位2022年1月1日起实施的采购项目，应当按规定公开采购意向。采购意向公开的内容应当包括采购项目名称、采购需求概况、预算金额、预计采购时间等。采购意向公开时间应当尽量提前，原则上不得晚于采购活动开始前30日公开采购意向。

4.3 评标方法设计

4.3.1 评标方法体系介绍

针对评标方法设计这一部分，先讲科学逻辑，再讲法律规定。

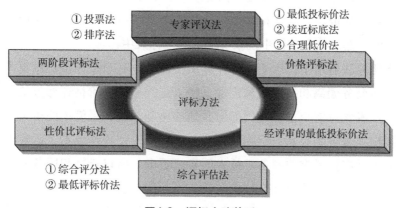

图4-2 评标方法体系

图4-2是一个非常完整的评标方法体系，几乎涵盖了所有评标方法类型。你在其他地方见到的评标方法，基本上可以在这个体系里找到相对应的评标方法名称，进而掌握它的内涵、适用范围和操作方法。

1.专家评议法

专家评议法是定性的评标方法，分为两小类别：**投票法**和**排序法**。

投票法，又称票决法，即评标委员会把投标文件看一遍，然后举手，得票数最高的投标人中标。有时会把投票法做得精确一点，那就是**排序法**，即评标委员会把投标文件看一遍,然后根据评标委员会的判断对投标文件的优劣做一个排序,根据排序打分,表现最好的第一名打1分,第二名打2分,以此类推,最后把评标委员会的分数相加,总分最低的投标人中标。这种排序法说到底还是一种投票法,即更精确一点的投票法。

专家评议法适用于:

(1)只能定性评审,无法量化评审的项目。例如,一个概念设计项目的招标,评标委员会把各投标人的概念设计方案仔细看一下,然后直接举手表决。

(2)金额特别小的招标项目。例如,有的单位花费几万块钱挖一条沟、砌一堵墙也要招标,这样的招标项目根本不值得很详细地折价、打分,把投标文件看完后举手投票即可。

2.价格评标法

价格评标法分为三个类别:**最低投标价法、接近标底法、合理低价法。**

(1)**最低投标价法:**谁的投标价最低谁中标。

(2)**接近标底法:**谁最接近评标基准价谁中标。

(3)**合理低价法:**在评标基准价的基础上设定有效标范围,即向上向下的最大偏离值,然后在有效标中挑报价最低的投标人中标。

价格评标法适用于:由于价格评标法在评标时只对投标报价做算术修正,不考虑任何商务偏离和技术偏离因素,所以这种单纯的价格评标方法只能用在那些毫无技术含量的小工程,例如最普通的路基工程、最简单的桥梁隧道,不能用于货物和服务的采购。货物项目要考虑产品寿命周期成本、运营维护费用等,服务项目需要考虑的商务、技术因素就更多。所以货物和服务的招标都不能只看价格。同样是没有什么技术含量的小工程,看重价格的项目选择最低投标价法;看重质量的项目选择接近标底法;不是最看重价格,也不是最看重质量,而是追求质价均衡的项目,应该选择合理低价法。

3.经评审的最低投标价法

经评审的最低投标价法是把所有商务偏离拿来对算术修正后的投标报价进行加减调整。加减的原则是,对招标人有利的商务偏离可以减价;对招标人不利的商务偏离要加价。把投标价变成评标价,评标价最低的投标人中标。

经评审的最低投标价法适用于:

(1)标准化程度比较高的货物,包括通用设备、普通材料等。

(2)技术含量偏低但需要考虑一些商务偏离的中小型工程,例如绿化工程、管道工程等。

4.综合评估法

综合评估法分为两个类别：一个是折价的方法，称为**最低评标价法**；另一个是打分的方法，称为**综合评分法**。

（1）**最低评标价法**是把所有商务偏离和技术偏离都拿来对算术修正后的投标报价进行调整，把投标价变成评标价。调整的方法还是对招标人有利的商务、技术偏离减价，对招标人不利的商务、技术偏离加价。最后还是评标价最低的投标人中标。

（2）**综合评分法**是把所有商务、技术评审因素给予一定的权重，每个大项又划分成若干小项，每个小项给予一定分值，然后每个小项逐项打分，再把分数加起来，总分最高的投标人中标。

综合评估法适用于：

（1）大型工程。

（2）复杂货物。

（3）服务项目。

大中型工程技术含量高，复杂货物也要考虑技术差异，服务项目更应该是一个综合考虑的过程，所以这些项目在采购时除了考虑价格因素外，还需要同时考虑商务偏离和技术差异等综合评审因素。

5.性价比评标法

性价比评标法类似于综合评分法，但是不打价格分。把价格放到一边，把所有的非价格因素全部打分再加起来，最后用总分除以投标报价，得出的商最大的投标人中标。

性价比评标法用于下列两种特殊项目会有奇效：

（1）创意产品、智力商品的招标采购，例如广告宣传、管理咨询、培训项目等。

（2）追求无止境的高新技术项目的招标采购，也就是想购买最先进的设备或技术时用的方法，例如军舰研制项目。

6.两阶段评标法

两阶段评标法，一般先开技术标，技术标过关的投标人再开其商务标，商务标最好的中标；极少时候会反过来操作，先开商务标，商务标过关的投标人再开其技术标，技术标最好的中标。一般做法是第一阶段的评审先打分，设定第一阶段评审过关的合格分数线，没过合格分数线的投标人在第一阶段就被淘汰掉；第二阶段的评审可以打分、可以折价。第一阶段的得分可以带入第二阶段，也可以不带入。两阶段评标的主要目的是减少评标工作量。

两阶段评标法适用于：

（1）特别大型的工程。

（2）特别复杂的货物，例如成套设备的采购。

4.3.2 评标方法设计的相关法律规定

评标方法既有定性的，也有定量的；既有打分的，也有折价的。你在其他地方见到的评标方法都可以与这个评标方法体系对应，然后就会清楚这种评标方法应该用于什么样的招标项目，具体应该怎么操作。这些都是评标方法设计里的科学道理。但是在这些道理之上还有法律。有法律规定必须采用某种评标方法的招标项目，必须按照法律规定。其他没有法律强制采用某种评标方法的招标项目，就可以充分发扬理性，为招标项目选择最合适的评标方法。那么和评标方法设计相关的法律规定又有哪些呢？

（1）依法必须进行招标的工程建设项目，按照《评标委员会和评标方法暂行规定》要求采用经评审的最低投标价法和综合评分法。

（2）政府招标采购工程及工程有关货物服务项目，按照《评标委员会和评标方法暂行规定》要求采用经评审的最低投标价法和综合评分法。

（3）政府招标采购和工程无关的货物和服务，按照《政府采购货物和服务招标投标管理办法》（财政部令第87号）的要求采用最低评标价法（其实质是前面讲的最低投标价法）和综合评分法。

（4）房屋建筑和市政工程项目，按照《房屋建筑和市政基础设施工程施工招标投标管理办法》（建设部令第89号）规定采用经评审的最低投标价法（其实质是前面讲的最低投标价法）和综合评估法。

（5）公路工程项目，按照《公路工程建设项目招标投标管理办法》（交通运输部令第24号）的规定采用经评审的最低投标价法（其实质是前面讲的最低投标价法）、合理低价法（其实质是前面讲的接近标底法）、技术评分最低标价法（其实质是前面讲的合理低价法，只是它以商务、技术得分产生合理标）和综合评分法。

（6）机电产品国际招标项目，按照《机电产品国际招标投标实施办法（试行）》（商务部令2014年第1号）的规定采用最低评标价法和综合评价法（其实质是前面讲的综合评分法）。

（7）其他部委的规定基本上按照《评标委员会和评标方法暂行规定》的规定。

4.3.3 综合评分法

综合评分法是目前最常见的评标方法。

1.综合评分法的小项打分方法

（1）**排除法**（又称yes或no法），即在某个小项上有一句描述，符合描述的得满分，不符合描述的得零分。例如，招标文件规定，招标设备应具备漏气自检功能，评价方法为具备该功能得2分，不具备得0分。某投标人所投设备不具备自动漏气自检功能，该项得分为0分。这种打分方法用在想强化、强调的某小项的打分上。

（2）**区间法**，即在某个小项上的描述上分了档次，那么各投标人根据所符合的档次描述得到不等的分数。例如，招标文件规定，工程奖项中有鲁班奖的得3分，有黄鹤楼奖的得1分，没有奖的得0分。某投标人曾经获得鲁班奖，该项得分为3分。这种打分方法用在没有什么特别要求，只想简单区分投标人该小项表现时。

（3）**排序法**，对于在投标人之间可以互相比较的指标，规定不同名次的对应分值，并根据投标人的投标响应情况进行优劣排序后依次打分。例如，招标文件规定，按某权威杂志排名，市场占有率排名第一名的得3分，市场占有率排名第二名的得2分，市场占有率排名第三名的得1分，市场占有率排名第四名及以后的得0分，某投标人市场占有率排名第二名，该项得分为2分。这种打分方法可以帮助想要在某小项上排名很高的投标人脱颖而出。

（4）**计算法**，该项具有实际的参数，可以事先设计一个计算公式，按照各投标人的实际投标响应情况套入参数即可计算、打分的方法。例如，招标文件规定，设备光电转换率达到25%得5分，每降低1%扣0.5分，该项分数扣完为止。某投标人所投设备的光电转换率为20%，该项得分为2.5分。这种打分方法可以帮助更深入、细致地在某小项上区分投标人的表现。

（5）**二步法**，即先定档，后打分。先由全体评委对每个投标人每个小项的响应情况进行定档投票或打分，以少数服从多数的原则，决定某投标人该小项的打分档次，然后所有评委打分时都必须在这个档次的分值区间内进行打分。例如，5个评委中有4个评委认为某投标人的某小项表现属于"良好"，有1个评委认为该投标人该小项表现属于"优秀"。那么该投标人该小项表现定在"良好"档。认为该投标人该小项表现属于"优秀"的那个评委也只能在"良好"档打分。如果招标文件规定，该小项打分规则是"优秀"档的得分区间是[3~4]分，"良好"档的得分区间是[2~3）分，"一般"档的得分区间是[1~2）分，"较差"档的得分区间是[0~1）分。那个认为该投标人该小项的表现为"优秀"的评委在给该投标人该小项打分时必须在3分以下。

二步法主要是为了平衡评委们的表现，避免个别评委给个别投标人打出过高或者过低的分数。同样有异曲同工之妙的还有以下操作方法：招标文件规定，如某评委针对某投标人的某小项打分偏离超过全体评委打分平均值的±20%，该评委的该小项打分作废，以其他未超出偏离范围的评委该小项打分的平均值替代。

2.综合评分法的价格分计算方法

（1）首先是百分制里价格分的权重。

一般工程项目追求可靠性，价格权重不适合太高，50~60分比较合适。工程总承包项目考虑50分，一般工程项目为60分。货物发现问题可退可换，所以货物招标时，价格权重可以高一点，为60~70分。当然政府采购项目看重公益性和保障性，可以把价格看得轻一点，不低于30分即可。服务项目招标要寻找到高素质的服务人员和好的服务方案，所以应该把价格看得最轻。政府采购项目服务招标时价格权重不低于10分就可以，国有企事业单位服务招标，20~30分是合适的。

（2）价格分的具体打分方法有两种设计思想，三个基本公式。

1）**低价优先**，一般用于货物和服务的招标。

如图4-3所示的价格分计算公式是最常见的，政府采购领域计算价格分时都要求采用这个公式。它的特点是计算方法简单，没有特别考虑时优先选择这种价格分计算公式。

如图4-4所示的价格分计算公式是一种线性插值的方法，它有利于准确控制所有投标人报价得分的分布区间，以及各投标人报价得分的分差情况。极端情

$$F_1 = \frac{D}{D_1} \times F \times 100$$

F：价格权重；

F_1：某投标人价格得分；

D：所有投标人报价中的最低价；

D_1：该投标人的投标报价。

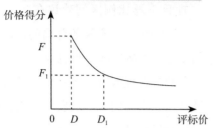

图4-3 价格分计算公式（一）

$$F_1 = F_2 + \frac{(F_2 - F_1) \times (D - D_1)}{D_1 - D_2}$$

F：某投标人价格得分；

F_1：所有投标人价格得分中的最低分；

F_2：所有投标人价格得分中的最高分；

D：某投标人的投标报价；

D_1：所有投标人报价中的最低价；

D_2：所有投标人报价中的最高价。

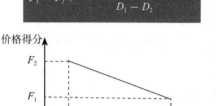

图4-4 价格分计算公式（二）

况下可以设置最高价得0分，最低价得满分，这样投标人之间的报价得分差距会特别大。

2）**质价均衡**，一般用于工程招标，见图4-5。

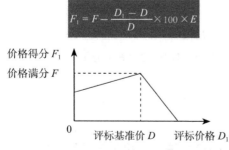

$$F_1 = F - \frac{D_1 - D}{D} \times 100 \times E$$

F：价格满分值；

F_1：某投标人的价格得分；

D：评标基准价；

D_1：该投标人的投标报价；

E：扣分的步长。

图4-5 价格分计算公式（三）

①确定评标基准价。

将所有投标人报价的平均值做随机下浮,下浮比例为:一般工程项目下浮比例区间建议在3%～8%,工程总承包项目下浮比例区间建议在5%～10%。一般认为这就是这个项目的合理低价位置。因为按照国家税务总局的说法,工程行业预计利润率在10%～20%。在这里总的设计思路是挤压承包商的利润空间,但又不能打穿承包商的成本。工程招标追求的是合理低价,不是绝对低价,这是工程招标的特性和工作轴向所决定的。最终的下浮比例区间还要根据具体行业、具体地区的行业平均利润设定。总之,招标的目标是和承包商分享利润空间。具体下浮比例在开标现场摇号或抽签随机产生,并最终确定评标基准价。

②计算报价偏离率。

某投标人的报价偏离率=|该投标人报价－评标基准价|/评标基准价。

③偏离率档次对应扣分档次计算得分。

某投标人的报价得分=价格满分值－|该投标人报价－评标基准价|/评标基准价×100×E。

E是扣分的步长,例如投标人的投标报价每偏离评标基准价1%就扣1分,那么这个项目的扣分步长E就是1。

一般情况下,投标人报价低于评标基准价的,设计的扣分步长会小一点,让扣分扣少一点、扣慢一点;投标人报价高于评标基准价的,设计的扣分步长会大一点,让扣分扣多一点、扣快一点。投标人报价等于评标基准价的,一分不扣,得满分。

例如某工程项目招标,招标文件规定,价格满分60分,评标基准价在开标现场摇出下浮比例后确定为100万元,投标人报价低于评标基准价的,扣分步长为1;投标人报价高于评标基准价的,扣分步长为2,有两个投标人,甲报价为98万元,乙报价为102万元,他们的价格分可以分别计算如下:

甲的价格分=60－|98－100|/100×100×1=58(分);

乙的价格分=60－|102－100|/100×100×2=56(分)。

4.3.4 最低评标价法

1.货物招标的最低评标价法的折价方法(以机电产品国际招标为例)

(1)改正算术错误。

（2）多货币换算：按开标当日中国人民银行公布的中间价将投标货币统一换算成美元或人民币。

（3）交货期：以允许的最早交货期为基准，每迟交一个月，按投标价的某一百分比（一般为1%～2%）折价。

（4）付款条件：投标人要求提前付款的，按照招标文件规定的利率计算提前付款部分的利息；要求延期付款的不考虑折价。

（5）供货范围调整：缺漏项按其他投标人该项最高报价加上；如果投标文件多报了招标文件要求以外的项目内容，不予核减。

（6）零部件：必需的备品备件统一加上。

（7）设备的技术性能指标、质量和生产效率：每个参数与基准相比，每相差一个计量单位或每降低1%，在报价上增加若干金额（一般为0.5%～1%）。

（8）设备运行维护费用：按LCC计算现金流和贴现。

（9）备件供应和售后服务设施：达成起码标准所需费用。

（10）技术建议：评估可能带来的效益，按预定比例折算（一般为3～5折）。

（11）国内货物还应加上包装费、国内运输费、国内运输保险费和其他杂费；进口货物应加上进口环节税（包括进口关税、进口增值税、消费税）、国内运输费、国内运费、运输保险费和其他杂费。

通过这11项的加减调整，才能把一个货物的国际招标项目的评标价格计算出来。折算出来的评标价最低的投标人就是对招标人最有利的投标人。最低评标价法把需要考虑的利害因素全部考虑到了，而且不受任何评委主观因素的影响。

2.工程招标的最低评标价法的折价方法

（1）修正算术错误：大小写不一致，以大写为准；单价和总价不一致，以单价为准；明显的小数点错误予以改正。

（2）扣除暂定金额和不可预见费（如有），但具备竞争性的计日工项目不扣除。

（3）多货币换算：如果招标文件允许多货币报价，统一换算成人民币（国际工程可以人民币或美元）。

（4）细微偏差调整。重大偏差，即显著的差异或保留，包括以下情形：对工程范围、质量及工程使用性能产生实质性影响的；偏离了招标文件的要求，并对合同中规定的招标人权利或者投标人义务造成实质性减损或限制的；纠正这种差异或者保留将会对提交了实质性响应要求的投标文件的其他投标人的竞争地位产生不公平影响的。重大偏差将会导致废标，现在也称否决投标。

除此之外的偏差，都属于细微偏差，在最低评标价法中可折价后用来对投标价格进行加减调整。加减原则是：对招标人不利的细微偏差加价，对招标人有利的偏离可以减价。具体调整方法为：

①技术细微偏差调整：技术偏差可以用排序法，按照每个小项（共16项）由评委评选出每个小项的前三名（人数多时可考虑前五名），前三名的每个小项均给予扣除系数为0.005～0.01乘以投标报价（已按前3项调整过的投标价格）的价格扣除。

可以参与价格扣除的各小项评审因素：工程技术指标的正偏离程度、质量等级的正偏离程度、施工部署的合理性和完整性、施工方案与方法的针对性和可行性、工程质量管理体系与措施的可靠性、工程进度计划与措施的可靠性、施工机械设备配置的数量性能和匹配性、劳动力配置的适应性、项目经理任职资格与业绩、技术负责人任职资格与业绩、其他人员专业结构与任职资格、安全管理体系与措施的可靠性、环境管理体系与措施、采用新的先进施工技术、材料设备管理能力和实施方案、服务承诺等。

也可以对其中有具体参数的技术指标按每一项正负偏离按（0.1%～0.5%）×投标价格予以加减扣除。

②商务细微偏差调整：商务偏差可以用排除法（yes或no法），有一项正偏离就减一个绝对值或相对值，有一项负偏离就加一个绝对值或相对值。例如一项负偏离加1万元或加0.1%～0.5%，一项正偏离减2万元或减0.2%～1%，这样多鼓励正偏离。在企业资质、企业荣誉、企业信誉、财务状况、技术力量、经营业绩以及有无类似项目施工经验、服务承诺等方面，有任何一项正负偏离都可以考虑折价调整投标报价。例如多一个超越招标文件要求的（即能给项目带来正能量）资质或荣誉算一个正偏离，多一个规模更大、复杂程度更高的项目业绩也算一项正偏离。

（5）工期调整：承诺提前竣工的，按"（承诺工期－计划工期）/计划工期×投标价格（按前面步骤调整过的）×权重系数K"给予价格扣除。权重系数K按照本项目中工期的重要程度为0.05～0.5。

（6）价格优惠调整：进入评标环节的投标价格是已经按照降价函或者折扣申明调整过的价格。这里的价格优惠是指如果本项目是多标段投标，那么投标人可以承诺，一旦招标人将多个标段同时授予自己时，将给予招标人的优惠价格。此种优惠在计算评标价格时应该给予足额扣除。

（7）资金时间价值调整：上述被招标人接受的各种变化在进入合同时，估算对招标费用的影响，以月为单位计入纯现金流，并按指定日（可投标截止日期日，也可签订合同日）开始及按当时商业银行贷款的年贴现率折成现值，然后加到投标价格中。也可以简便计算，投标人要求提前付款的，按照招标文件规定的利率（例如1%）计算提前付款部分的利息，加入投标价格；要求延期付款的不考虑折价（注意：在合同执行期间才适用合同中的价格调整条款的预计影响，在评标时不予考虑折价）。

通过前述7个步骤，即可将投标价通过对招标人有利或不利的原则予以折算加减，得出一个相对科学的评标价，评标价最低的中标。这是工程项目最低评标价法的折价方法。

3.服务招标的最低评标价法的折价方法

（1）改正算术错误。

（2）投标单位情况：单位资质、业绩、信用、人员构成。

（3）项目人员情况：从业经历、类似项目经验、以往业绩、业务能力。

（4）服务方案：合规性（符合国家法规政策）、服务承诺的可实现性、服务及时响应、先进技术手段的使用、控制成本能力、服务设施、检测设备、仪器仪表、安全保障、环境保护。

（5）其他：付款条件、合理化建议、企业文化、员工仪容仪表。

上述各方面（约20个小项）能够提出要求的，例如单位资质、业绩、人员构成，项目人员的从业经历、类似项目经验、以往业绩，服务方案的合规性、服务及时响应、先进技术手段的使用、服务设施、检测设备、仪器仪表，以及付款条件等，采用排除法（yes或no法），按正负偏离对投标报价做加减调整。即有一项正偏离就减一个绝对值或相对值，有一项负偏离就加一个绝对值或相对值。大致调整幅度为：一项负偏离加系数0.001～0.005乘以投标报价，一项正偏离减0.001～0.01乘以投标报价。其中：付款条件中投标人要求提前付款的，按照招标文件规定的利率计算提前付款部分的利息；要求延期付款的可考虑按照延期付款部分的利息减半折价。

不能提出明确要求的，例如投标单位信誉（信用）、项目人员能力、服务方案的保证性、安全环境保护方面的措施、合理化建议、企业文化、员工仪容仪表等，采用排序法。由评委评选出每个小项的前三名（人数多时可考虑前五名），对前三名或前五名的投标人每个小项均给予扣除系数为0.005～0.01乘以投标报价的价格扣除。

4.特别强调

（1）评标价只是一个思想工具。它没有实体价值，和实体价格——中标人的投标价格、合同价格以及实际支付价格都没有关系。中标人的投标价格通过签订合同时的调整和厘清式的谈判变成合同价格，合同价格通过项目实施过程中的变更与索赔处理，变成最终的实际支付价格。评标价和这三个实体价格一点关系都没有。但评标价能够在评标时很好地帮招标人区分高下、比较优劣，分辨出谁家的报价和方案是真好，谁家的是假好。签订合同时还是按照中标人的投标价格并按照法定的或招标文件事先约定的调整方法。评标价只是在评标时使用，评标结束后就随风而去了。

（2）评标价最低中标的前提是，招标文件中所有实质性要求都得到满足，即投标人能顺利完成本招标项目任务。评标时只是用招标人可以容忍的细微偏差来对投标人的投标报价进行加减调整，计算出评标价。

（3）招标的目的，是在完成本招标项目任务的前提下，获得一个最经济的投标。评标价最低的标才是最经济划算的标，投标价最低的标不一定是最经济的标。例如你买一双100元的鞋半年穿坏了，而买一双300元的鞋却可以穿3年，买哪一双更划算？评标价就是一个通盘利益的考虑，它除了考虑产品售价，还考虑产品的寿命周期成本、运营维护费用等。最低投标价中标的方法局限性较大，很容易买到劣质的货物、工程、服务。目前国际上比较流行的评标方法是最低评标价法，它也是最科学的评标方法之一。

4.3.5 两个特别推荐的评标方法设计思想

（1）招标文件规定投标人出现下列情形之一的，将不得推荐为中标候选人：投标人的评标价格超过全体有效投标人的评标价格平均值规定比例（建议40%）以上的；投标人的技术得分低于全体有效投标人的技术得分平均值规定比例（建议30%）以上的。

这个设计思想可以避免报价过高的或者技术太差的投标人中标。

（2）服务招标除了主要评审投标人的服务方案以外，还可以只评审服务团队，即不招方案招团队。因为很多服务项目的招标人并不太懂服务方案里所涉及的内容。例如食堂外包的服务招标，招标人不会懂得每周的菜谱如何搭配更有营养，食材的采购与保鲜如何更有保障，中央厨房的平面布置和功能分区如何更科学合理。与其辛苦地弄清楚这些事情，不如把重点转向招到一帮靠谱的人。采用团队招标时，评标方法设计成重点考核投标人拟从事该项目的人员构成、人员业绩、人员从业经历、对需求的理解、服务构思、投标人的信用、业绩和资质情况等。

这个设计思想给服务项目的招标开创了一个操作性更强的新方向。

 案例分析

某工程采用公开招标，有A、B、C、D、E、F共6家投标单位参加投标，经资格预审该6家投标单位均满足招标要求。该工程采用两阶段评标法评标，以综合得分最高者为中标人。评标委员会由7名委员组成，评标的具体规定如下：

第一阶段评技术标。技术标共40分，其中施工方案15分，总工期8分，工程质量6分，项目班子6分，企业信誉5分。技术标各项内容的得分，为评标委员会评分取出一个最高分和一个最低分后的算术平均数。技术标合计得分不满28分者，不再评其商务标。

第二阶段评商务标。商务标共计60分。以标底（13790万元）的50%与投标单位报价算术平均数的50%之和为评标标底，但进入第二阶段的最高（或最低）报价高于（或低于）次高（或次低）报价的15%者，在计算投标单位报价算术平均数时不予考虑，且其商务标得分为15分。

以评标标底为满分（60分），报价比评标标底每下降1%，扣1分，最多扣10分；报价比评标标底每增加1%，扣2分，扣分不保底，如表4-1所示。

各投标单位评分表 表4-1

单位	施工方案	总工期	工程质量	项目班子	企业信誉	报价（万元）
A	11.9	6.5	5.5	4.5	4.5	13656
B	14.1	6.0	5.0	5.0	4.5	11108
C	11.2	5.0	4.5	3.5	3.0	12593
D	13.7	7.0	5.5	5.0	4.5	13098
E	12	7.5	5.0	4.0	4.0	13241
F	10.4	8.0	4.5	4.0	3.5	14125

问：谁中标？

分析

（1）事先编制的标底，目前我国禁止用来评标。但本案例采用复合标底，我国并没有禁止用来评标。

（2）第一阶段C的总分27.2分＜28分，C被淘汰，不进入第二阶段的评审。

（3）最低报价B的报价低于次低报价D的报价15%以上，C的报价不参与报价平均数的计算：

$|11108-13098|/13098=15.2\%>15\%$。

（4）A、D、E、F4家投标人报价的平均值为：

（13656+13098+13241+14125）/4=13530（万元）。

（5）计算评标基准价：

（13530+13790）/2=13660（万元）。

（6）计算报价偏离率：

A报价偏离率=$|13656-13660|/13660=0.03\%$。

D报价偏离率=$|13098-13660|/13660=4.1\%$。

E报价偏离率=$|13241-13660|/13660=3.1\%$。

F报价偏离率=$|14125-13660|/13660=3.4\%$。

（7）计算各家价格分：

A价格分=60−0=60（分）。

B价格分=15分。

D价格分=60−4.1=55.9（分）。

E价格分=60−3.1=56.9（分）。

F价格分=60−2×3.4=53.2（分）。

（8）计算各家总得分：

A=92.9分。

B=49.6分。

D=91.6分。

E=89.4分。

F=83.6分。

评标结果：A中标。

第5章 开标、评标和定标

5.1 开标前后

5.1.1 发布招标信息的法律规定

1.企业招标和政府采购工程招标项目

《招标公告和公示信息发布管理办法》（国家发展改革委令第10号）第八条 依法必须招标项目的招标公告和公示信息应当在"中国招标投标公共服务平台"或者项目所在地省级电子招标投标公共服务平台发布。

第九条 对依法必须招标项目的招标公告和公示信息，发布媒介应当与相应的公共资源交易平台实现信息共享。"中国招标投标公共服务平台"应当汇总公开全国招标公告和公示信息，以及本办法第八条规定的发布媒介名称、网址、办公场所、联系方式等基本信息，及时维护更新，与全国公共资源交易平台共享，并归集至全国信用信息共享平台，按规定通过"信用中国"网站向社会公开。

2.政府采购项目

《政府采购信息发布管理办法》(财政部令第101号) 第八条 中央预算单位政府采购信息应当在中国政府采购网发布,地方预算单位政府采购信息应当在所在行政区域的中国政府采购网省级分网发布。除中国政府采购网及其省级分网以外,政府采购信息可以在省级以上财政部门指定的其他媒体同步发布。

《政府采购货物和服务招标投标管理办法》(财政部令第87号) 第十六条 招标公告、资格预审公告的公告期限为5个工作日。公告内容应当以省级以上财政部门指定媒体发布的公告为准。公告期限自省级以上财政部门指定媒体最先发布公告之日起算。

企业招标项目和政府采购工程招标项目招标公告发布时长并没有法律规定,但一般不少于招标文件提供的时长;政府采购项目招标公告的公告期限规定是给可能的政府采购项目的质疑计算时效用的,政府采购项目招标公告发布之后并不会因为公告期限到了就撤下来。

5.1.2 提供资格预审文件或招标文件的时间和地点

企业招标和政府采购工程招标项目,资格预审文件或招标文件的提供时间不得少于5日。招标人发售资格预审文件、招标文件收取的费用应当限于补偿成本支出,不得以营利为目的。依法必须进行招标的项目,自招标文件开始发出之日起至投标人提交投标文件截止之日止不得少于20日。自愿招标的项目也应当给足投标人编制投标文件所需要的合理时间。依法必须进行招标的项目,自资格预审文件停止发售之日起至投标人提交资格预审申请文件截至之日止不得少于5日。自愿招标的项目也应当给足投标人编制资格预审申请文件所需要的合理时间。

政府采购货物和服务的招标,资格预审文件或招标文件的提供期限自招标公告、资格预审公告发布之日起不得少于5个工作日;自招标文件开始发出之日起至投标人提交投标文件截止之日止不得少于20日。提交资格预审申请文件的时间自公告发布之日起不得少于5个工作日。

对于招标文件的发放地点,无论是企业采购项目还是政府采购项目都没有法律规定。

5.1.3 组织现场考察

招标人根据招标项目的具体情况，可以组织潜在投标人踏勘、考察项目现场。但踏勘、考察现场不是必须的。工程项目提前踏勘现场的比较多，货物和服务项目需要提前考察现场的比较少。招标人可以组织所有潜在投标人一起踏勘、考察现场，不可以分批踏勘、考察现场。分批踏勘、考察现场涉嫌违法，有可能被人利用此环节给潜在投标人提供有差别的信息。如果担心潜在投标人利用这个机会互相认识并组织串标，招标人可以派人带潜在投标人单独踏勘、考察现场，但不在现场回答任何问题，就不算提供有差别的信息，也可以向潜在投标人提供到达现场、进入现场的方式，让他们自行踏勘、考察现场。潜在投标人在踏勘、考察现场过程中发现任何问题，都可以书面形式向招标人提出，招标人书面回答即可。

现场踏勘、考察的工作宜安排在投标期限刚过一半时开始。早了，潜在投标人有的还没来得及看招标文件、熟悉项目，没办法带着问题和项目构思去看现场；晚了，潜在投标人来不及在现场踏勘、考察的基础上编制投标文件。现场踏勘、考察结束后应立即组织标前澄清答疑会。

5.1.4 澄清与修改

潜在投标人拿到资格预审文件或招标文件后，对资格预审文件或招标文件中看不明白甚至感觉有错误的内容，可以要求招标人予以澄清、修改。如果只是这一家潜在投标人看不明白，不需要对资格预审文件或招标文件做澄清、修改，招标人可以只回复、解释给这一家潜在投标人；如果有必要对资格预审文件或招标文件进行澄清、修改的，就需要书面通知所有潜在投标人。招标人对招标文件的澄清、修改，影响潜在投标人编制投标文件的，就需要留出至少15日的时间给潜在投标人做相应的调整、修改。如果离投标截止日期时间已经不足15日，就需要顺延投标截止日期。招标人对资格预审文件的澄清、修改，影响潜在资格申请人编制资格预审申请文件的，就需要留出至少3日的时间给潜在投标人做相应的调整、修改。如果离资格预审申请文件提交截止时间已经不足3日，就需要顺延资格预审申请文件提交截止日期。如果招标人对资格预审文件或招标文件的澄清、修改，不影响潜在投标人编制投标文件或资格申请人编制资格预审申请文件的，就不需要改变开标时间或资格预审申请文件提交截止日期。例如，招标人开标前发布通知，把开标时间从上午九点调整到下午两点，这就不需要推迟开标时间给潜在投标人调整投标文件；但如果是开标前招标人发布通知，改变项目的某项技术要求，那就需要推迟开标，留够15日时间给潜在投标人调整投标文件。

5.1.5 接受投标文件

投标文件的递送方式包括专人送达、包裹邮递、网络上传（电子招标投标）。未通过资格预审的申请人提交的投标文件，没有按照招标文件指定的时间和地点送达的投标文件，以及没有按照招标文件要求密封、盖章的投标文件应当拒收。密封不合格的投标文件请其离开投标文件接收场地重新密封，以避免泄密。要求投标人授权代表到场提交投标文件的项目，投标人授权代表没有按时到达，可以拒收该投标人的投标文件。但不可以强迫投标人的法定代表人到场。

在投标截止日期前，投标人书面通知招标人撤回其投标的，招标人应核实撤回投标书面声明的真实性。如属实，招标人应留存撤回投标书面声明书及投标人授权代表身份证明后，将投标文件退回该投标人。

截至投标截止日期，递交投标文件的投标人少于3家的，不得开标，招标人应将接收的投标文件原封退回投标人，分析具体原因，采取相应纠正措施后依法重新组织招标。

5.1.6 重新招标的法律规定

1.招标失败需要重新招标的情形

（1）开标时有效投标人少于3家的。

（2）资格预审文件或招标文件有违法违规内容影响资格预审或投标人投标的。

（3）排名第一的中标候选人放弃中标的。

（4）招标投标过程中有违法行为影响中标结果的。

2.依法必须进行招标的工程建设项目

依法必须进行招标的工程建设项目第一次招标失败必须重新招标。重新招标失败后可以改变采购方式。属于按照国家规定需要政府审批、核准的项目，报经原项目审批、核准部门审批、核准后可以不再进行招标；其他工程建设项目，招标人可自行决定不再进行招标。

3.政府采购项目

政府采购项目第一次招标失败后，审核招标文件和招标程序有没有问题。有问题的需要改正错误后重新招标；没问题的可以经财政部门同意改变采购方式。

4.机电产品国际招标项目

机电产品国际招标项目的法律规定又有所不同。利用国外贷款、援助资金的项目，第一次招标时投标人少于3家也可以开标；而利用国内资金的项目，重新招标时投标人不少于3家才可以开标，也可以报经原项目审批、核准部门审批、核准后不再进行招标。

5.1.7 组建评标委员会

开标前需要组建评标委员会。依法必须进行招标的工程建设项目和政府采购项目，评标委员会均由招标人代表和有关技术、经济等方面的专家组成，成员人数为五人以上单数，比较重要、大型的项目，可以考虑增加评标委员会人数，例如政府采购领域要求采购预算金额在1000万元以上的，或技术复杂，或社会影响较大的项目，评标委员会成员人数应当为7人以上单数。始终保持单数是为了评委们一旦意见不一致，可以举手表决。

依法必须进行招标的工程建设项目和政府采购项目的评标专家，三分之二以上要从单位外部的政府认可的专家库选取；政府采购项目的评标专家，三分之二以上要从财政部门组建的专家库选取。政府认可的专家库分为3种：每个部委可以建一个专家库；每个省可以建一个专家库；每个招标机构可以自建一个专家库。政府投资项目只能使用政府部门建的专家库，不能使用招标机构自建的专家库。如果不是依法必须进行招标的项目，也不是政府采购项目，企事业单位招标时可以使用单位内部自建的评标专家库，可以不使用单位外部的政府认可的评标专家库。

评标专家应当有资历、懂法律、态度好和身体棒。政府认可的评标专家库的专家应该从事相关领域工作满八年并具有高级职称或者具有同等专业水平。

所谓的具有高级职称，是指具有经国家规定的职称评定机构评定，取得高级职称证书的职称，包括高级工程师、高级经济师、高级会计师、正（副）教授、正（副）研究员等。对于某些专业水平公认已经达到与本专业具有高级职称人员相当的水平，而且有丰富实践经验的专家，也可聘请其作为评标委员会成员。单位自建的评标专家库的专家资格要求可以适当降低。

国家实行统一的评标专家专业分类标准和管理办法。国家发展和改革委员会出台了《公共资源交易评标专家专业分类标准》，帮助大家使用评标专家库。

依法必须进行招标的工程建设项目和政府采购项目，一般在政府认可的专家库随机抽取评标专家，特别尖端复杂的项目可以经监管部门同意指定评标专家。

与投标人有利害关系的采购人员和相关人员需要主动申报回避，不得进入评标委员会。这里的相关人员主要包括评标专家，以及项目主管和监管部门人员。与投标人有利害关系，主要指投标人的亲属、与投标人有隶属关系的人或者这一场招标结果的确定会涉及其利益的人。

 案例分析

A省采用公开招标的方式进行医学设备采购。招标结束后，一家未中标供应商向采购代理机构进行了质疑，随后又向监管部门提起投诉。该供应商认为，《政府采购货物和服务招标投标管理办法》（财政部令第87号）第四十六条要求评标专家独立对招标文件进行评价，可是本次评标委员会中，有一名评标专家是另外两名评标专家的老师。由于师生关系的特殊性，老师的评判足以影响学生的最终打分。同时，本届评标委员会由五名评标专家组成，构成师生关系的评标专家超过半数，也就是说，这三名评标专家的意见足以影响整个评标结果。因此，该供应商主张此次评标无效，应重新组织招标。A省监管部门对此问题进行了调查取证，发现在此次评标过程中各评标专家都按照法律要求进行了独立评审，因此认定评标结果真实有效，对供应商的投诉请求不予支持。

5.1.8 组织开标

开标流程见图5-1。

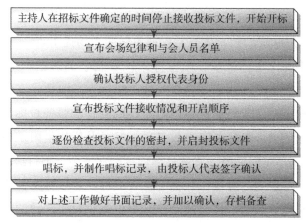

图5-1　开标流程

1.主持人在招标文件确定的时间停止接收投标文件，开始开标

开标应当在招标文件确定的提交投标文件截止时间的同一时间公开进行，开标地点应当为招标文件中预先确定的地点。开标由招标人主持，邀请所有投标人参加。评标委员会成员不得参加开标活动。

2.宣布会场纪律和与会人员名单

主持人宣布开标纪律，对参加开标会的人员提出要求，例如开标过程中不得喧哗、手机静音，以及提问和异议质疑方式等，并介绍与会人员：招标人代表、监标人、开标人、唱标人、记录员等。

3.确认投标人授权代表身份

招标人代表可以按照招标文件的规定，当场核验参加开标会的投标人授权代表的授权委托书和有效身份证件，确认授权代表的有效性，并留存授权委托书和身份证件的复印件。虽然说参与开标会与否是投标人的权利，但如果招标人在招标文件里提出要求投标人必须派授权代表到开标现场的话，投标人仍然选择不派授权代表到达开标现场的，该投标人的投标文件也可以被拒收。

4.宣布投标文件接收情况和开启顺序

招标人代表确认并当场宣布投标截止时间前递交投标文件的投标人名称、时间等，以及投标人撤回投标的情况。主持人宣布开标顺序。如招标文件未约定开标顺序的，一般按照投标文件递交顺序或逆序进行唱标。

5.逐份检查投标文件的密封，并启封投标文件

主持人组织投标人授权代表或其推选的代表检查投标文件密封情况。投标

人授权代表也可以同时自行检查自己投标文件的密封状况是否与投标文件递交、接受时的密封状况一致，如有异议或质疑应当场提出。

6.唱标，并制作唱标记录，由投标人代表签字确认

开标人按照宣布的开标顺序当众开标。唱标人按照招标文件约定的唱标内容，严格依据投标函（或包括投标函附录，或货物、服务投标一览表）唱标，并当即做好唱标记录。唱标内容一般包括投标函及投标函附录中的报价、备选方案报价（如有）、完成期限、质量目标、投标保证金、项目经理等。招标文件规定提交开标一览表的，可按照开标一览表唱标。有投标文件修改或降价声明的，应以修改或降价后的价格为准。投标报价大小写不一致的，以大写金额为准。重要的内容应至少宣读两遍，以便投标人记录。唱标公布的内容作为评标的主要依据之一。在投标截止日期前撤回投标的，应宣读其撤回投标的书面声明。招标人设有标底的，可以在唱标前后公布标底。

7.对上述工作做好书面记录，并加以确认，存档备查

开标会议应当做好书面记录。记录员应认真核验并如实记录投标文件的密封、标识，投标报价、投标保证金等开标、唱标情况，以及开标时间、地点、程序，出席开标会议的单位和代表，开标会议程序、唱标记录、公证机构和公证结果（如有）等信息。投标人授权代表、招标人代表、监标人、记录员等在开标记录上签字确认，存档备查。

投标人授权代表对开标唱标结果有异议的，应当场提出，招标人应当场核实并予以答复。属于唱标人唱标错误的，应当场纠正，并做记录。不属于唱标人唱标错误的，招标人应如实记录并经监标人签字确认后提交给评标委员会。招标人和监督机构代表不应在开标现场对投标文件是否有效作出判断和决定，应提交给评标委员会判定。开标过程应如实记录，并存档备查。开标记录要求对开标过程中的重要事项进行记载，包括开标时间、开标地点、开标时具体参加单位、人员、唱标内容、开标过程是否经过公证等都要记录在案。最后主持人宣布开标会结束。

 案例分析

唱标时，有一个投标人附有降价函。该投标人投标函中报价为2000万元。其降价函上写着"在原报价的基础上下浮10%，至1900万元"。记录员在唱标记录里填的数字是1800万元，并要求该投标人授权代表签字确认。这种做法有两

个错误：一是开标后工作人员无权做任何决定，应该把情况如实记录下来并提交给评标委员会做决定；二是给了该投标人二次选择的机会，他可以承认1800万元的价格，也可以不承认，多给他机会就对其他投标人造成不公平。

5.2　评标过程的组织

评标，是指评标委员会按照招标文件规定的评标标准和方法以及相关法律规定，对各投标人的投标文件进行评价、分析和比较，从中选出最佳投标人的过程。

5.2.1　评标原则和纪律

评标委员会成员需要遵守的四大评标纪律见图5-2。

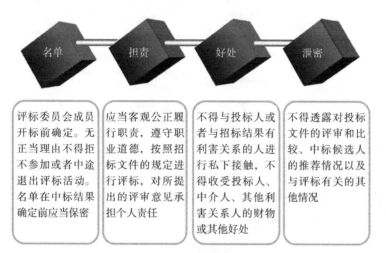

名单	担责	好处	泄密
评标委员会成员开标前确定。无正当理由不得拒不参加或者中途退出评标活动。名单在中标结果确定前应当保密	应当客观公正履行职责，遵守职业道德，按照招标文件的规定进行评标，对所提出的评审意见承担个人责任	不得与投标人或者与招标结果有利害关系的人进行私下接触，不得收受投标人、中介人、其他利害关系人的财物或其他好处	不得透露对投标文件的评审和比较、中标候选人的推荐情况以及与评标有关的其他情况

图5-2　评标纪律

评标委员会成员需要遵守的评标纪律还包括：

（1）评标遵循的是公平、公正、科学、择优的原则。

（2）自觉主动申报回避。

（3）独立评标、责任自负。

（4）招标文件没有规定的评标标准和方法，评标时不得采用。

（5）不得违反法律规定的程序与方法。

（6）询标时不得出现倾向性言论，不得明示或者暗示其倾向或者排斥特定投标人。

（7）通信工具一律关闭，并统一保管。

（8）评标现场封闭，拒绝采购单位无关人员进入，评标委员会成员外出由专人陪同。

（9）评标现场商讨内容、各投标评标小项具体分值等内容都要严格保密。

5.2.2 标准评标流程

标准评标流程见图5-3。

图5-3 标准评标流程

1.召开评标预备会

（1）招标人宣布评标委员会成员名单并确定主任委员。主任委员可以由全体评标委员会成员选举产生，也可以由招标人指定。

（2）招标人宣布评标纪律。

（3）主任委员主持，根据需要成立有关专业组和工作组。

专业组通常分为经济标（商务标）组和技术标组。工作组主要有资格审查小组和清标工作组。没有资格预审的项目在评标时做资格审查工作，也称资格后审。政府投资项目的资格审查小组要参照依法必须进行招标的项目的评标委员会组建方式组建；其他项目的资格审查小组可以任意组建。实行资格后审的项目可以由评标委员会代行资格审查小组的职责，负责资格审查工作。采购项目的采购代理机构人员可以成为资格审查小组成员，但不可以是评标委员会成员。清标工作组主要指工程建设项目工程量清单数据繁杂，核实量巨大，可以单独设立一个清标工作组对投标文件中工程量数据及报价进行整理、分析，找出投标文件中可能存在的数据错误和异常报价，帮助评标委员会提高工程项目的评标质量。

（4）听取招标人介绍招标项目和招标文件。

由招标人派人来介绍项目，不是法定的操作，也就是说可做可不做。这个做法有利有弊，做得好处很明显：评标专家都是临时随机抽取出来的，对项目不了解，招标人派人来介绍一下项目的来龙去脉、招标人需求和采购目标，能帮助评标专家更好地理解招标文件和评标规则；但坏处更明显，就是有可能招标人利用这样的机会表达自己的倾向性，从而影响评标委员会的判断。现在评标现场的监控设施越来越完善，不需要太过担心招标人在这样的场合表达倾向性。所以现在的主流操作倾向于做，即由招标人派人向评标委员会介绍本招标项目和招标文件。

（5）组织评标委员会学习评标标准和方法。

评标时评标委员会可不可以商量和讨论呢？其实在评标预备会里是允许充分商量和讨论的，这一条评标规则是什么意思，那一个客观分应该怎么打，起码要确保在客观分上评标委员会评分一致。但是正式开始评标后，评标委员会最好不要再商量，各自独立评标。有什么不同意见就不要再商量、讨论，直接举手表决——少数服从多数。可以把评标委员会的不同意见全部注明在评标报告上。

2.初步评审

在初步评审阶段，评标委员会要做的四项工作如图5-4所示。

（1）资格后审

评标委员会对投标人的投标资格进行资格后审。有专门的资格审查小组负责资格后审工作，评标委员会也需要复核资格审查结果，所有资格后审出错的责任都由评标委员会最终负责。哪怕是有资格预审

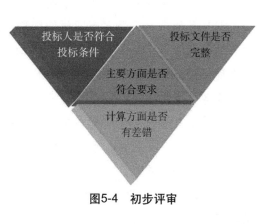

图5-4　初步评审

的项目，如果投标人在资格预审后其资格条件发生了较大变化，也需要由评标委员会在初步评审阶段，根据其补充、更新的资料进行资格复审。

案例分析

夺标·合规高效的招标管理

一个机电产品国际招标项目遇到以下情况。参加投标的其中两家公司，一家是C公司（中国香港），一家是D公司（中国香港），均为代理商。在开标前，C公司告知其代理的是一家B公司（德国）的产品；D公司告知其代理的是一家A公司（德国）的产品。开标后发现，C公司的投标文件中出具的制造商授权函其实是A公司（德国）对B公司的授权，授权其可以销售A公司的产品；同时还有一份B公司对C公司的授权，授权可以向其提供A公司的产品。同时，D公司的投标文件也有一份A公司直接对D公司开具的授权函。这种情况应该如何处理？C公司和D公司提供的授权函是否有效？

又有一个项目中有计算机和UPS两类产品，计算机有IBM和惠普，UPS有A和B厂商，贸易商甲有IBM和A授权，贸易商乙有IBM和B授权，贸易商丙有惠普和A授权，贸易商丁有惠普和B授权，应该如何处理？

第一个案例涉及两个投标人在同一个机电产品国际招标项目中投同一家制造商的产品。按照《机电产品国际招标投标实施办法（试行）》（商务部令2014年第1号）的规定，两家以上投标人在同一个项目里投同一个制造商的产品时，一个制造商可以保留一个投标人资格，由评标委员会决定保留哪一家投标人的投标资格。这样可以确保至少3家制造商在投标现场，招标人不会被围标。如果是国内货物招标，按照《工程建设项目货物招标投标办法》的规定，两家以上的投标人在同一个项目里投同一个制造商的同一型号的产品就全部作废。投不同型号的没有问题。而同样的问题在政府采购项目招标时，按照《政府采购货物和服务招标投标管理办法》（财政部令第87号）的规定，两家以上的投标人在同一项目里投同一品牌的产品时，一个品牌保留一个投标人资格。它有点类似商务部的规定，但不盯着制造商管理，它盯着品牌管理，相比国家发展和改革委员会盯着型号管理的规定，它的中庸之道好一些。因为一个制造商可以有很多品牌，一个品牌也可以有很多型号。

对于第一个案例，《机电产品国际招标投标实施办法（试行）》（商务部令2014年第1号）也有规定，对两家以上集成商或代理商使用相同制造商产品作为其项目的一部分，且相同产品的价格总和均超过该项目各自投标总价的60%，按一家投标人认定。财政部的规定是，非单一产品采购项目，采购人应当根据采购项目技术构成、产品价格比重等合理确定核心产品，并在招标文件中载

明。多家投标人提供的核心产品品牌相同的，也只能保留一个投标人资格。它很巧妙地把对一个集成方案、集成产品的管理转化为对核心品牌的管理，更加方便。而国家发展和改革委员会对类似情况是没有规定的。建议以后在法律不强制的情况下，多多借鉴财政部的方法，既不会被围标，还可以提高采购效率。

（2）完整性检查

检查招标文件要求投标人提供的资料，投标人是否全部提供。

（3）算术偏差修正

投标文件的算术偏差修正是评标委员会依照法律规定进行，而不是给投标人一个澄清、修改的机会。算术偏差应该怎么修正，有着很清晰的法律规定。

《评标委员会和评标办法暂行规定》第十九条 投标文件中的大写金额和小写金额不一致的，以大写金额为准；总价金额与单价金额不一致的，以单价金额为准，但单价金额小数点有明显错误的除外；对不同文字文本投标文件的解释发生异议的，以中文文本为准。

《政府采购货物和服务招标投标管理办法》（财政部令第87号）第五十九条 投标文件报价出现前后不一致的，除招标文件另有规定外，按照下列规定修正：

（一）投标文件中开标一览表（报价表）内容与投标文件中相应内容不一致的，以开标一览表（报价表）为准；

（二）大写金额和小写金额不一致的，以大写金额为准；

（三）单价金额小数点或者百分比有明显错位的，以开标一览表的总价为准，并修改单价；

（四）总价金额与按单价汇总金额不一致的，以单价金额计算结果为准。

同时出现两种以上不一致的，按照前款规定的顺序修正。修正后的报价按照本办法第五十一条第二款的规定经投标人确认后产生约束力，投标人不确认的，其投标无效。

 案例分析

某公立大学组织了办公用品招标。采购过程进行得非常顺利，采购结果也给了学校惊喜：预算为246万元的项目，通过公开招标，120.6万元就买到了。但在学校与中标供应商签订合同时，却出现麻烦：中标供应商拒绝以120.6万元的中标价格与学校签订合同。据了解，在签订合同时中标供应商提出，中标后他们又仔细查看了自己的投标文件，发现投标文件中的总价金额与按单价汇总金额并不一致。根据《政府采购货物和服务招标投标管理办法》（财政部令第87号）第五十九条的规定，投标文件的总价金额与按单价汇总金额不一致的，应以单价金额计算结果为准。因此，他们在这次招标中的中标价格应该为213.5万元，怎么办？这个案例应该由采购人（学校）向监管部门（当地财政部门）提起投诉。由监管部门决定中标无效，重新评标，并对原评标委员会成员给予相应处分。

（4）符合性检查

符合性审查，又称响应性评审，是对投标文件是否响应招标文件实质性要求进行评审。投标文件没有响应招标文件实质性要求的，直接依法废标（企业采购称为否决投标；政府采购称为投标无效）。

3.澄清

评标委员会可以书面方式要求投标人对投标文件中含义不明确、对同类问题表述不一致或者有明显文字和计算错误的内容做必要的澄清、说明或者补正。对投标文件的澄清、说明或者补正只能来自于评标委员会的要求，不可以是投标人主动要求澄清、说明或者补正。投标人也不可以借此机会改变投标文件里的实质性内容。澄清一般是以书面形式进行，但也有部分工程项目和服务项目要求以澄清会、述标会、讲标会的形式面对面澄清。澄清最终形成的书面文件是合同的组成部分，法律效力高于投标文件中被澄清的内容。

 案例分析

某工程建设项目同时建造3家医院，发包人要求投标人在述标会上对以下问题进行澄清和说明：

（1）因本项目是政府工程，包含3个子项目，各项目的设计单位和使用方均不同，对项目进度可能产生一定的影响，投标人简述在此情况下确保按发包人工期要求完成项目的管控措施。

（2）本项目所在地形属于山地，请简述边坡处理措施及安全防护措施。

（3）针对施工难度较大的大跨度钢筋混凝土结构施工进行专项技术分析。

（4）现场为山地，请简述施工便道的布置策略以及现场物料运输问题。

（5）如何在满足工期要求的前提下，保证质量达标并做好安全文明施工相关管理。

4.详细评审

详细评审是评标委员会根据招标文件确定的评标方法，对通过初步评审的投标文件做进一步的评审。

采用定性评审的方法为投票或者排序。采用打分的定量评审方法为逐项打分、汇总。采用折价的定量评审方法为逐项折价、加减调整投标报价，计算最终的评标价。

详细评审阶段的废标，既有依法废掉的投标，也有依据招标文件约定废掉的投标。招标人可以把以往自己招标经验中得出的不可容忍之事，都写成专门的废标条款。只要这些写法本身不违法，招标文件中的专门废标条款是可以直接用来废掉投标人投标的，例如投标文件未按招标文件规定格式填写的废标；内容不全或关键字迹模糊、无法辨认的废标等。

注：书里所称"废标"均是按照招标投标行业多年来约定俗成的习惯称呼的，与政府采购等相关法规里的"废标"含义不同。政府采购领域的"废标"是指招标失败，即业内俗称的流标。现在政府采购领域相关法规把书中定义的"废标"称之为投标无效。企业采购领域相关法规把书中所称"废标"称为否决投标。因为不同政府部门把同一件事情赋予了不同的名称，而且十年前和十年后的名称、含义还都不一样。为了方便统一表达，本书采用了业内多年延续的"废标"概念。

必须废标的法律规定如下：

《招标投标法实施条例》第五十一条　有下列情形之一的，评标委员会应当否决其投标：

（一）投标文件未经投标单位盖章和单位负责人签字；

（二）投标联合体没有提交共同投标协议；

（三）投标人不符合国家或者招标文件规定的资格条件；

（四）同一投标人提交两个以上不同的投标文件或者投标报价，但招标文件要求提交备选投标的除外；

（五）投标报价低于成本或者高于招标文件设定的最高投标限价；

（六）投标文件没有对招标文件的实质性要求和条件作出响应；

（七）投标人有串通投标、弄虚作假、行贿等违法行为。

《政府采购货物和服务招标投标管理办法》（财政部令第87号）第六十条　评

标委员会认为投标人的报价明显低于其他通过符合性审查投标人的报价，有可能影响产品质量或者不能诚信履约的，应当要求其在评标现场合理的时间内提供书面说明，必要时提交相关证明材料；投标人不能证明其报价合理性的，评标委员会应当将其作为无效投标处理。

第六十三条 投标人存在下列情况之一的，投标无效：

（一）未按照招标文件的规定提交投标保证金的；

（二）投标文件未按招标文件要求签署、盖章的；

（三）不具备招标文件中规定的资格要求的；

（四）报价超过招标文件中规定的预算金额或者最高限价的；

（五）投标文件含有采购人不能接受的附加条件的；

（六）法律、法规和招标文件规定的其他无效情形。

 案例分析

有一个工程项目招标采用最低评标价法。投标人在投标文件中注明"投标报价"1200万元，后经评标委员会对其报价校核，修正了一些累计错误和小数点错误，经投标人确认，调整后的"修正报价"为1100万元。在评标过程中，由于该投标人疏忽，漏报了最高报价为400万元的一种设备，所以评标委员会将漏报的设备报价加入到该投标人的"修正报价"中，再次调整后的"修正报价"为1500万元。但同时评标委员会又发现其投标文件里有一条一般条款偏离，根据招标文件规定偏离值为1%，经过价格调整后，其"评标价"变成1515万元。

该投标人如果中标，其"中标价"应该是多少？中标后签订的"合同价"又应该是多少？最终的中标候选人排序应按照哪个价格排序？

合同价计算方法如图5-6所示。

中标价＝合同价＝中标人的投标价 ＋ 调整额——供货范围

1200万元	算术偏差	0 ~ 400万元
1100万元	+150	
	+180	
	+220	

图5-5 合同价和投标价

合同价是由中标人的投标价修正后而得。首先是算术偏差的修正，把投标价从1200万元变成1100万元，然后做缺漏项的调整，也就是供货范围的调整。一般招标文件应该约定缺漏项的范围和项数，没有超出约定的缺漏项的范围和项数的，不应该废标，只是拿来对投标价做调整。这个案例中还有15万元的商务偏离折价，是肯定没有资格进入对投标价调整的。能够进入合同价格的只有算术偏差修正和供货范围调整。具体调整方法：可以按照该缺漏项的其他投标人的最低报价加上去，也可以按照该缺漏项的其他投标人的次低报价加上去，还可以按照该缺漏项其他投标人的平均报价加上去，不一定完全不加是好的选择。具体采用哪一种调整方法，可以按照项目的难易程度和重要性在招标文件中事先约定。

所以该案例的中标价和合同价是一致的，评标价为1515万元，按这个价格做中标候选人的排序。

5.形成评标报告

评审结束后，评标委员会需要形成评标报告并交由评标委员会全体成员签字。对评标结论有不同意见的评标委员会成员，应在评标报告中表明自己的不同意见和理由。拒不签字又不表明自己不同意见的评标委员会成员视为同意评标结论。评标委员会应该按照招标文件的规定推荐中标候选人，并加以排序。中标候选人的数量不超过三名。

评标报告具体内容如图5-6所示。

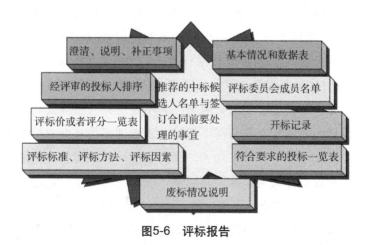

图5-6　评标报告

123

5.3 定标与签订合同

5.3.1 定标规则

招标人根据评标委员会提出的书面评标报告和推荐的中标候选人确定中标人，也可授权评标委员会直接确定中标人。确定中标人之前最好向社会公众公示中标候选人情况。如果能够公布所有投标人的评审情况，例如评标价、得分、排序等，能更好地发挥招标的公开、公平、公正原则，建立招标人良好的声誉，吸引更多投标人参与招标人下一次的招标项目。

在招标人规定的投标文件有效期期满之前，必须以书面方式通知中标的投标人，说明其投标（包括投标报价）已被接受。如果超过投标文件有效期发出中标通知书，中标人有权拒绝签署本招标项目的合同。从发出中标通知书之日起，中标通知书对招标人和投标人具有法律效力，承担法律责任。

新的《招标投标法》修订草案拟将定标规则修改为"**评定分离**"，正在征求意见中。现时所谓的"评定分离"允许招标人在中标候选人中任意定标，而无须考虑评标报告里的中标候选人排序，以解决招标人自主定标的权利与责任问题。"评定分离"的实质是增加了一个最终的定性评审环节。

其实"评""定"一直是分离的。《招标投标法》最初的设计就是"三权分立"、互相制衡：招标人有"立法权"，负责制定游戏规则——招标文件和评标方法；评标委员会有"行政权"，依法行政——严格按照招标文件进行评标；监管部门有"司法权"，督促各方严格按照相关法律规定和招标人制定的游戏规则合规操作。如果评标委员会评出来的第一名不是最符合招标人心意的投标人，那只能说明招标人的招标文件写得不够好，或者评标委员会成员水平不行、工作质量差，应该在这两个环节下功夫，提高水准，补牢漏洞。如果简单地把定标的责任和权利往招标人那一推，只能是一段时间内的权宜之计，不能真正解决问题，反而让招标人和投标人的内外勾结变得更容易。

招标人可以在招标文件中根据自己的招标经验和项目需要选择按评标委员会评标报告里的排序来定标，还是自己再来一轮定性评审，在名列前茅的这几位中标候选人中自行选定中标人。

5.3.2 合同签署

招标是形成合同的过程，招标文件是合同的基础，合同是项目的"基本法"。按照招标文件和投标文件签署招标项目合同是法律规定。

1.合同三要素（图5-7）

（1）标的，即招标采购的工程、货物、服务。

（2）当事人，即招标人和投标人。

（3）要约与承诺。

招标文件只是要约邀请，其法律效力等同于售楼广告。不过要约邀请按照《民法

图5-7　合同三要素

典》第四百七十三条的规定，其中符合要约条件的，也构成要约。例如招标文件中的设计图纸、合同条款等。

投标文件是要约，它的法律效力高于招标文件中具有法律效力的部分。如果投标文件和招标文件的说法不一致，招标人仍然把中标通知书发给该投标人，视为以"默示"的方式认同投标文件的说法。也就是说，招标文件和投标文件不一致时，以投标文件为准。

中标通知书就是那份承诺。中标通知书的法律效力高于投标文件。

2.招标项目合同组成文件的法律效力高低

国家发展和改革委员会在《〈标准施工招标资格预审文件〉和〈标准施工招标文件〉试行规定》（国家发展改革委令〔2007〕第56号）、《国家发展和改革委员会关于印发〈标准设备采购招标文件〉等五个标准招标文件的通知》（发改法规〔2017〕1606号）中关于招标项目合同组成文件的法律效力高低的说法，可以视为业内约定俗成的交易习惯。

（1）工程招标合同组成文件的优先顺序

组成合同的各项文件应互相解释，互为说明。除专用合同条款另有约定外，解释合同文件的优先顺序如下：

①合同协议书；

②中标通知书；

③投标函及投标函附录；

④专用合同条款；

⑤通用合同条款；

⑥技术标准和要求；

⑦图纸；

⑧已标价工程量清单；

⑨其他合同文件。

（2）设备招标合同组成文件的优先顺序

组成合同的各项文件应互相解释，互为说明。除专用合同条款另有约定外，解释合同文件的优先顺序如下：

①合同协议书；

②中标通知书；

③投标函；

④商务和技术偏差表；

⑤专用合同条款；

⑥通用合同条款；

⑦供货要求；

⑧分项报价表；

⑨中标设备技术性能指标的详细描述；

⑩技术服务和质保期服务计划；

⑪其他合同文件。

3.招标项目合同签订

招标人和中标人双方在不改变招标文件和中标人投标文件实质性内容的前提下，可以对那些非实质性的内容进行协商、谈判，以最终签订项目合同。合同签订后，双方互相履行履约保证、支付担保等担保、保证手续。

 案例分析

某国有企业办公楼的招标人于2021年10月11日向具备承担该项目能力的A、B、C、D、E五家承包商发出投标邀请书，其中说明，10月17日、18日9：00～16：00在该招标人总工程师室领取招标文件，11月8日14：00为投标截止日期。该五家承包商均接受邀请，并按规定时间提交了投标文件。但承包商A在送出投标文件后发现报价估算存在严重失误，遂赶在投标截止日期前10min

递交了一份书面声明，撤回已提交的投标文件。

开标时，由招标人委托的公证处人员检查投标文件的密封情况，确认无误后，由工作人员当众拆封。由于承包商A已撤回投标文件，故招标人宣布有B、C、D、E四家承包商投标，并宣布该四家承包商的投标价格、工期和其他主要内容。

评标委员会成员由招标人直接确定，共由7人组成，其中招标人代表2人，本系统技术专家2人、经济专家1人，外系统技术专家1人、经济专家1人。

在评标过程中，评标委员会要求B、D承包商分别对其施工方案作详细说明，并对若干技术要点和难点提出问题，要求其提出具体、可靠的实施措施。作为评标委员的招标人代表希望B承包商再适当考虑一下降低报价的可能性。

按照招标文件中确定的B承包商为中标人。由于B承包商为外地企业，招标人于11月10日将中标通知书以挂号信方式寄出，B承包商于11月14日收到中标通知书。

从报价情况来看，四家承包商的报价从低到高的依次顺序为D、C、B、E，因此，11月16日~12月11日，招标人又与B承包商就合同价格进行了多次谈判，结果B承包商将价格降到略低于C承包商的报价水平，最终双方于12月12日签订书面合同。

 分析

（1）国有企业依法必须进行招标的项目，除非因为技术复杂、潜在供应商有限才可以邀请招标，这栋办公楼显然不属于上述情况，应该采用公开招标。

（2）招标文件的发布时间应该在5日以上，这个项目发布时间只有2日是违法的。

（3）投标截止日期前收到的投标文件书面撤回声明也应唱出，对该投标人的投标文件不开封、不唱投标文件内容。

（4）除非尖端复杂到随机抽取的专家不能满足评标需要，经监管部门批准才可以对评标专家直接指定。例如我国的核电项目或者某些军方项目。这个项目显然不符合这个条件。

（5）依法必须进行招标的工程项目必须有中标候选人公示环节，公示期至少3日。

（6）不可以在评标过程中与投标人进行价格谈判。在确定中标人之前，招标人不得与投标人就投标价格、投标方案等实质性内容进行谈判。

（7）在中标通知书发出之后，招标人和投标人确实可以进行谈判，但谈判的结果不能改变招标文件和投标文件的实质性承诺，包括不能做纯粹的价格谈判。投标人对招标人的需求以及招标文件可能存在理解上的偏差和工作上的误差，招标人编制招标文件时也可能存在错误和遗漏，利用合同签订环节把它们全部调整、厘清，这种操作也会带来价格的变动，这是可以的。它并没有违背当初彼此之间的实质性承诺。如果什么都没变，就盯着价格讨价还价，就违背了彼此之间在招标文件和投标文件中的价格承诺，这是违法的。

（8）中标通知书发出之后30日内必须签订合同。超过30日签订的合同可能会导致合同最终签订不了。即使签订合同，合同也有可能无效，并由过错方承担缔约过失责任。因为招标项目在中标通知书发出之后30日内必须签订合同这个强制性规定，是效力性的强制性规定，还是管理性的强制性规定，目前国内法律界还没有定论。如果起诉，当庭法官也许会对《民法典》第一百五十三条的理解有所不同，因此超过30日签订的合同仍有一定的法律风险，需要在合同专用合同条款中约定"双方对合同签署时间没有异议"更加稳妥。

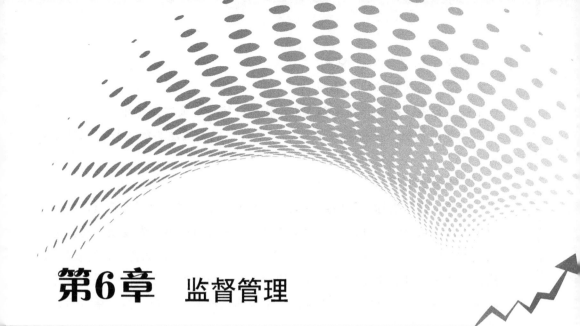

第6章 监督管理

6.1 招标投标活动的合规管理

当今世界正处于"百年未有之大变局"。身处时代旋涡，将不可避免地遭遇越来越多的不确定性。因此必须构建和优化单位内部控制体系，引入风险评估与合规监管的思维与手段，从而将招标投标活动中违背国家法律规定的、违背社会公序良俗的、与单位目标不一致的违法行为、错误行为、不当行为以及其他不正常行为所带来的风险进行预防、控制与应对。

6.1.1 招标准备阶段的监控要点

1.招标前提条件/采购需求的核查

招标有三大前提条件，分别是合法性、批准手续和资金来源。单位内部的监管人员需要在招标之前把关这三大前提条件是否具备，否则不允许招标采购人员开始招标。同时，不能准确提出采购需求，无法清晰描述技术规格与要求的项目，也不允许开展招标采购。要么想办法把这些搞清楚再开始招标，要么换一种采购方式，例如谈判采购。

2.必须招标制度的执行情况

依法必须进行招标的项目必须进行招标。依法必须进行公开招标的项目不可以采用邀请招标。单位内部的监管人员负责把关依法必须进行招标制度的实现。

3.前期备案工作

帮助单位建立招标项目前期备案申请制度。不泛滥使用招标工具，将招标做得少而精。只有精雕细作，发挥工匠精神，才有可能最大限度地发挥招标采购的威力。只要是招标项目，都应该填报一张《招标项目前期备案申请表》，将在招标方案里规划的重要内容，包括招标方案的可行性和必要性、采购预算的编制合理性等，用表格的形式申报，经单位内部的监管人员复核、单位负责人批准后，才能够开始招标。

6.1.2 招标文件编制的监管

1.招标程序、时间安排的合法性

单位内部的监管人员负责核查招标文件中的程序安排、时间规定有没有违背法律规定或者对某些投标人显失公平的情况。例如，依法必须进行招标的工程总承包项目，如果仅依照法律规定留给投标人编制投标文件的时间只有20日可能不够，可能需要适当增加留给投标人编制投标文件的时间。

2.招标方案的合法性和合理性

按照现行法律规定，依法必须进行招标的工程建设项目的规模标准是400万元。如果某个项目单项施工合同金额600万元，招标人把它划分成两个标段分别招标，这样每个标段只有300万元，所以就不需要招标了。他这样的操作合法吗？合理吗？这正是需要单位内部的监管人员把关的地方。

3.招标文件是否有设置不合理条件的情形

单位内部的监管人员负责核查招标文件是否完整、合法，评标方法是否科学、合理，商务要求和技术标准是否严谨、是否符合项目实际需要，以及招标文件相关内容是否进行过论证，投标人资格要求是否符合相关规定，是否存在对投标人不合理的资质要求限制。例如施工总承包乙级资质能做的建筑工程，投标人资格要求非要具备施工总承包甲级资质，或者本来具备两项资质中某一项资质的承包商就能做的项目，投标人资格要求非要同时具备这两项资质。招标文件中出现上述不合理的条件，单位内部的监管人员必须制止，并适当追究相关人员责任。

4.评标方法的选用与设置是否合理

单位内部的监管人员除了负有廉政监察的职责，也有效能监察的职责，所以有责任、有义务在招标采购人员选择评标方法的环节把关，确保本项目选择最合适的评标方法不跑偏。单位内部的监管人员不需要深入评标方法设计的细节，但选择评标方法这一步要帮忙把关。所以单位内部的监管人员除了要比招标采购人员懂更多的法律知识外，还需要懂一点招标实务操作方面的知识。

6.1.3　招标文件发布期间的监管

1.招标公告、招标文件发布的公开性

国家现行法律对招标公告、招标文件的发布媒介是有规定的，而且对招标文件的售价也有法律规定，单位内部的监管人员负责核实招标文件中相关安排的合法性、合理性。

2.招标公告、招标文件发布时间安排上的合法性

国家现行法律对招标公告、招标文件的发布时间都有法律规定，单位内部的监管人员负责核实招标文件中相关安排的合法性。

6.1.4　开评标过程的监管

1.监督评标委员会的组建

单位内部的监管人员负责监督评标委员会依法组建，评标专家库被正确使用。及时将不合格的评标专家清出评标委员会，直至清出评标专家库。

2.核实相关人员的身份

单位内部的监管人员负责核实评标现场相关人员身份，禁止与评标工作无关的人员进入评标现场。如果单位内部的监管人员在开标现场，应该帮忙核实到场人员身份，包括投标人授权代表相关身份证明材料的真实性。

3.确保开标现场的公正性与合法性

开标前的监督管理内容包括：投标文件的登记、签收记录完整无篡改；投标文件的密封情况完好、有效；投标文件是否存放在安全保密的地方；投标人的样品是否标识准确并单独存放；投标人的书面撤回声明是否有效；投标函、开标一览表的填写格式是否符合招标文件要求等。单位内部的监管人员不一定要到开标现场，但如果在场，要负责开标现场的公正性、合法性，例如确保在提交投标文件截止时间的同一时间公开唱标。

4.监督标底的开启、公布

招标项目如果设有标底，就要在开标现场唱标时一并唱出。

5.监督评标、澄清环节的公正合法性

监督评标委员会严格按照招标文件评标。确保不出现暗示甚至明示某投标人中标，或者暗示诱导投标人澄清等违法行为。帮忙把关投标人资质的符合性、合法性、真实性，是否与招标文件要求相符，没有弄虚作假或者挂靠资质的行为。

6.废标条款的执行情况

监督评标委员会严格按照法律规定和招标文件的约定废标（否决投标、投标无效）。不能该废的标没废，不该废的标反而被废掉。

6.1.5　合同签订与合同管理

1.确保合同签订的合法性

招标人和投标人必须按照招标文件和中标人的投标文件签订书面合同，不能再行签订背离合同实质性内容的其他协议。而且招标项目的合同签订时间是有法律规定的，单位内部的监管人员要督促招标采购人员在法定时间内签订合同，并检查合同条款的完整性、合法性，以及有无违背国家法律和损害单位利益的不利条款；合同签订是否经过授权审批，是否按流程经法务、财务、审计、监管等部门会审；合同单位名称与中标人名称是否一致；合同标的、数量、质量、价格、技术标准、质量保证、商务要求等是否明确并与中标结果相符。

2.督促实现合同条款的风险合理分担

单位内部的监管人员要在合同计价类型的选择环节把关，尽量从源头上解决未来合同履约的风险问题。同时督促招标采购人员在合同条款拟订时注意合同双方权利和义务是否明确并平衡，避免过于强调某一方的利益导致合同无法顺利履行，给项目质量埋下隐患，给单位带来经济损失。

3.跟进合同的后期管理及变更索赔问题

前期参与本项目招标活动的单位内部的监管人员最好能跟进该项目的合同管理，检查合同内容是否得到全面、严格的履行，并协助处理后期的变更、索赔问题，包括变更审批手续是否齐全、合理，验收报告、入库手续是否齐全，项目款项支付是否经过授权审批，并符合合同约定，合同违约原因是否合理，违约责任与赔偿的处理是否符合法律规定和合同约定。

6.1.6　招标投标争议的解决

1.执行单位内部的招标管理制度

严格执行单位内部的招标管理制度、采购管理制度、合规管理制度，惩前毖后，特别是针对自己人还是以教育和预防为主。

2.各种违法违规行为的鉴别、处理与预防

如何鉴别、处理和预防高价围标、低价抢标、内外勾结、弄虚作假等违法违规行为是招标投标行业的痼疾，是哥德巴赫猜想式的难题，会在下一节进行专门研究。

3.配合政府监管部门的投诉处理

各单位内部的监管人员均有责任配合政府监管部门处理招标投标争议，具体处理招标投标争议的内容在第3节详细讲解。

6.2　招标投标活动的风险防控

6.2.1　高价围标行为的鉴别、处理与预防

投标人之间的串通投标行为一般称为**高价围标**。

1.高价围标行为的鉴别方法

（1）标书比对

投标文件内容的雷同性对比分析，例如在文件不同位置，出现两处以上的

雷同，基本上可以认定投标人之间串通投标。

（2）价格分析

价格的异常规律性分布。如果评标方法是最低价中标或者最低价得最高分，所有有效投标人的报价很整齐地偏高，严重偏离市场行情；如果评标方法接近某平均值中标或者最接近某平均值的报价得最高分，那么绝大部分投标人的报价呈现很规律的高、中、低分布，或者有一批投标人的报价呈阶梯式分布，像一张渔网一样在捕捉这个平均值的位置。

（3）分别澄清

让投标人澄清讲标，会明显看到有一家述标井井有条、逻辑清晰、演示文稿（PPT）制作精美，而剩余的几家投标人都有一点胡编乱造、逻辑混乱，那就是来陪标的，不会用心做述标准备。

（4）品牌背景

几家投标人之间有共同的企业负责人背景或品牌背景，通过一些网络平台可以查到蛛丝马迹。

（5）行为轨迹

目前大数据与通信技术的结合，能通过手机查到几家投标人的授权代表甚至法定代表人的行为轨迹，有时开标现场可以观察到这几家投标人是一伙的。

（6）数据传输痕迹

两份投标文件在同一个IP地址上传，不能直接定性为串通投标，因为有的地方一栋大楼、一个院子只有一个IP地址，需要将其作为嫌疑和线索，进一步调查有没有存在前述情形并核查其内网IP地址。但两份投标文件的机器码或文件码一致，可以直接判定串通投标。

 案例分析

10月31日，××省××公共资源交易中心发布了一份中标候选人公示，公示除了宣布该工程的中标候选人，还分别通报了五家单位投标单位的 MAC 地址（MAC 地址、CPU 序列号、硬盘序列号）均一致，被视为投标文件雷同，五家单位的投标保证金不予退还。目前电子交易平台针对高价围标的功能非常强大：①自动筛查不同投标文件是否由同一台电脑制作；②自动计算汇总各项评分，辅助评审专家判断是否围标串标；③各环节全程留痕，所有资料自动归档，全程追溯，能做到动态监控、实时预警、智能辅助、全程记录。

（7）报价软件

工程量清单报价软件密码锁用户信息一致，可以认定串通投标。

（8）标书混装

两份投标文件彼此错误地装进了对方的投标文件密封套里，可以认定串通投标。

（9）项目管理

两家投标人的项目经理或投标人授权代表为同一人，可以认定串通投标。

（10）保证金

两家投标人的投标保证金从同一个账户缴纳，或由一家投标人事先打入其他投标人账户，再由其他投标人分别打入招标人账户，可以认定串通投标。后一种情况如果司法机关介入是很容易查实的。

（11）履约时发现

投标时无从分辨投标人的串通投标行为，等到项目实施阶段，很容易看出来这几家投标人是一伙的，这种情况下也有义务向政府监管部门举报。

（12）"内讧"

有时候串通投标的这几家投标人因分赃不均，会自己爆出当初的串通投标行为。这种情况下，政府监管部门和司法机关很容易处理。

2.高价围标行为的处理

（1）请求司法介入

最有力的处理方法是请求司法介入，按串通投标罪给予刑事处理。

（2）投诉给政府监管部门处理

投诉给政府监管部门做行政处理，跟上述方法相同，最大的困难是证据难觅。

（3）托延

明知道这几家投标人在串通投标，但是又找不到证据和线索，招标人又不想吃亏，就只能想办法拖延。在招标文件和投标文件的未明确事项中发掘一些明知道对方做不到或者不愿意做的事项，在签订合同前的调整和厘清式谈判中要求对方满足。如果对方不答应就拖延时间，等到中标通知书发出30日后，就可以不再和对方签订合同。

（4）预防

前面的几项措施都是无奈之举，操作起来很麻烦，最好的招数就是"预防"。招标人是这一场游戏规则的制定者，如何在游戏规则制定时，就把这个问题给解决，让它很难产生和发展，才是最好的招数。

3.高价围标行为的预防

（1）改进报名登记办法。不要在同一张纸上或同一个地方出现所有已报名的投标人名称，避免有投标人在报名环节看到其他投标人的名称。同时要对负责报名的工作人员加强监督和强化责任。

（2）取消集中答疑和集中踏勘。标前答疑、澄清、补正全部书面进行，也不要组织集中踏勘，避免投标人利用这两个环节认识。招标人可以在招标文件中对现场情况尽量描述清楚，然后为投标人到达现场、进入现场提供方便，由投标人自行踏勘现场，有问题的书面向招标人提问，由招标人书面回答。也可以由招标人派工作人员带投标人单独踏勘现场，但现场不回答问题，投标人有问题的采用书面问、书面答。这样操作没有法律问题，因为分批踏勘涉嫌违法。

（3）降低资格审查门槛。降低资格审查门槛，使得进入正式评标环节的投标人数量增加，能增加投标人串通投标的难度和围标成本。只要最终严格按照评标细则评标，前面的资格门槛不妨调低一点。

（4）经常变动招标公告发布媒体，扩大发布范围，延长发布时间，每次都能够吸引更多的、来源不同的投标人参与项目投标，从而打破旧有的围标格局。反正现在发布招标公告都是免费的，不妨多发几个媒体。

（5）增加非价格因素的评标。纯粹的价格评标法，无论是低价中标或低价得高分，还是平均值中标或平均值得高分，都容易被人操控、组织围标。如果采用综合评估法，价格的权重是有限的，围标的难度就会增加。

（6）增加有经验的经济标评标专家。有经验的经济标评标专家能帮助招标人准确判断有没有投标人串通投标。如果判断不准确，连补救的机会都没有。

（7）标底计算准确，不偏高。偏高的标底会影响评标委员会的判断。不准确的标底不如没有。

（8）标底保密。如果标底被事先泄露了，投标人之间串通投标就更加容易。

（9）严格监督机制，加大查处力度，增加威慑力。提高投标人串通投标的违法成本。

（10）高位拦标。招标人在招标文件中公布最高投标限价（又称招标控制价、拦标价），一旦投标人的报价高于最高投标限价就废标。宁愿招标失败，也不能被人高价围标，给单位带来损失。

6.2.2　恶意低价抢标行为的鉴别、处理与预防

1.恶意低价抢标行为的鉴别方法

（1）估价信息

根据掌握的市场行情、社会平均成本，判断该投标人的报价是否过低。

（2）评标委员会判断

评标委员会通过该投标人的企业实力、经营状况、财务状况来帮助判断，有一些恶意低价抢标的投标人因为长期经营状况得不到好转，所以铤而走险。这类投标人通常打算拿到一些预付款、进度款后中途放弃，或者偷工减料、弄虚作假坑招标人。

（3）历史成交价格

根据招标人的招标经验、同类项目历史采购价格，判断该投标人报价是否过低。

（4）单价澄清

总价低总会反映到某些单项的价格低。让该投标人逐项证明这些单项价格是合理的、可行的。有一个单项价格解释不通就废标。

（5）分清善恶

对于低价抢标，一个很重要的问题是要分清善恶。有些善意的低价抢标的投标人，是出于特殊的、长远的考虑愿意在这单生意里让利于招标人。他们可能是为了进入一个新的市场而需要一个好的样板案例，可能是有创新的技术或工艺能极大地降低成本，或者是不平衡报价期望后期变更索赔再把损失追回来。不平衡报价是投标人的权利，他们是在利用专业性赚钱，只要不是太过分地不平衡报价，招标人应该选择接受。技不如人嘛！

2.恶意低价抢标行为的处理

（1）果断废标

遇到恶意低价抢标应该果断将其废标，就以低于成本价投标无法相信其诚信履约、保证质量的名义。此时不果断，后患无穷。

（2）黑名单

将恶意低价抢标的投标人记入本单位的黑名单，让其一段时间内没有机会再次投标，同时把黑名单公开以警示其他投标人。

（3）投诉给政府监管部门

将恶意低价抢标的投标人的行为投诉给政府监管部门，记入政府的诚信记录。

3.恶意低价抢标行为的预防

（1）资格审查环节严格把关，把企业实力不强的、最近经营状况不好的投标人剔除，不让他们有机会进入后期评标的拼价格环节。

（2）避免错漏项。招标文件存在设计错误、清单漏项等是最容易被人低价抢标的。所以需求不明确、技术要求不能准确清晰表达的项目，一定要想办法通过两阶段招标，或者利用投标人义务打工等方式尽量弄清楚，减少错误、遗漏。如果实在弄不清楚的项目，还不如不招标，改用其他采购方式。

（3）标底准确不偏低。偏低的标底会影响评标委员会对恶意低价抢标的判断。

（4）增加非价格因素的评标。采用综合评估法，调低价格权重，可以应对低价抢标。

（5）不要因噎废食，因为怕人家低价抢标，而对一个小工程采用综合评估法，招标人可以采用接近标底法或合理低价法应对恶意低价抢标。

（6）多采用分项报价、清单报价，让恶意低价抢标的投标人"现原形"。因为总价低总会反映在某些单项的价格低，让投标人逐项证明这些单项价格的可行性、合理性。

（7）明确品质标准，技术要点必须满足。因为担心低价抢标不外乎是担心项目的完成质量。如果招标人的品质标准、技术要求提得不清晰、不准确，那么项目就更容易出问题。招标人把品质标准、技术要求提得很清晰、准确，同时在合同条款里拟订相应的很重的违约责任，他们就会收敛好多。

（8）付款进度控制。尽可能把款项付缓一点，一旦在项目实施过程中发现问题，让恶意低价抢标者中止合同时，招标人的损失会小一点。

（9）提高履约保证。虽然说合同履约保证金有法律规定不能超过合同金额的10%，但在有恶意低价抢标风险的招标项目里，另外收一笔"低价风险担保金"是有道理的，确实有一些地方政府在这方面陆续出台相关规定。

（10）准备一家备用。跟招标项目的第二名甚至第三名中标候选人打招呼，随时欢迎他们回来。发现第一名果然是恶意低价抢标者并让他中止合同时，马上通知原第二名或者第三名。如果再重新招标、重新采购会给单位带来更大的损失。

（11）低位拦标。最简单有效的一招放在最后，因为这一招副作用比较大。例如3G网络设备招标时，A技术有限公司报价6.9亿元，B通讯股份有限公司报价70亿元，其他两家公司报价都在100亿元以上，最后是A技术有限公司中标。如果有低位拦标的价格，就可能把A技术有限公司给废标啦！招标人可以在招标文件中设定一个价位，例如低于市场行情价格的一半，或者低于投标人平均报价的30%，就有低于成本报价不能诚信履约的嫌疑，就需要提供很多材料来证明他们能够诚信履约、保证质量。招标人通过选择采信或者不采信形成事实上的低位拦标操作。

问：如何应对工程建设项目的不平衡报价？

（1）由于工程建设项目工期直接影响项目整体效益，而建设单位在项目审批结束后就想抓紧时间进行招标，留给设计的时间往往不宽裕。这样设计图纸可能会出现很多错误。在招标过程中，投标人购买招标文件和领取图纸后，只要认真核对，一般都能发现施工图纸的错误。鼓励投标人在招标文件澄清质疑环节提出，是发现设计错误、强力预防不平衡报价的第一招。

（2）招标文件中约定分部分项工程量清单中主要项目（或随机抽取部分项目）的清标基准单价，例如以所有投标人的该项单价去掉最高价、最低价后的平均值为清标基准单价。清标时，对于某投标人单项报价高于该基准单价20%的，重点核查其工程量的准确性，如果工程量又同时低于其他投标人平均所报数量的30%，直接废标；对于某投标人单项报价低于该基准单价20%的，重点核查施工图纸中该项目的特征描述、工作界面约定等具体要求。评标时，不以该投标人的该项单价评标，以清标基准单价来评标。

（3）招标时由于设计原因或其他原因，会有部分项目放在暂估价里，例如临时工程、特定设备、施工便道、土石方等，而这些项目的付款通常又比较早，未来采购时有时会约定由承包商完成。所以，暂估价项目一定不要超过概算或估算的50%，一般不超过30%，否则不允许开展招标。

（4）对于难以控制不平衡报价的乙供设备和主要材料，可以在招标文件中合法合规地限定档次、限定价格采购。

（5）计日工和零星施工机械台班的单价，由于是据实计算的，所以在评标细则中进行具体规定，对于明显高于行业标准的计日工和零星施工机械台班单价，按低于行业标准10%的方式予以澄清、调整单价。拒绝调整的投标人，予以废标。事先在招标文件中明确约定什么是行业标准，什么是明显高于即可。

（6）多利用政府部门提供的信息价、工程造价数据库和造价指标指数来控制单价。

（7）减少无工程量只报单价的项目。例如，工程中挖湿土或岩石以及便道等。确实需要保留的，应在评标规则中做单项评审。对于该项目单价报价高于所有有效投标人该项单价报价平均值30%的，予以废标。

（8）以上单价核算工作，均可在评标时由电子辅助评标系统解决。

（9）改变不平衡报价的大环境。构建法律允许且同时符合市场交易习惯的结算与支付合同条件，在公平、公正的原则下降低投标人对不平衡报价的追求烈度。可以在合同中约定，最终不平衡报价的收益，即突破中标价格的那一部分收益，由双方平分。

6.2.3　内外勾结行为的鉴别、处理与预防

1.内外勾结行为的鉴别方法

（1）看招标文件、评标办法中有无倾向性和排他性。

（2）看招标过程、评标环节有无过多的自创动作，有无违规或不正常操作。

2.内外勾结行为的处理

（1）有证据的最好请求司法介入，触及串通投标罪的要进行刑事处理。

（2）毕竟牵扯到单位内部人员，还是要以事前教育为主，警示片、"高压线"齐上。

（3）哪怕是单位内部人员也不能姑息养奸，必须严惩。严惩少数人，反而可以保护更多人不犯错误。

（4）案件移交给政府监管部门做进一步调查处理。我国现在不止建立单位信用记录，也在建立个人信用记录。让招标采购过程中有内外勾结不良记录者，终生不再有机会从事采购工作。

题外话

2021年9月，中央纪委国家监委与中央组织部、中央统战部、中央政法委、最高人民法院、最高人民检察院联合印发了《关于进一步推进受贿行贿一起查的意见》(以下简称《意见》)，对进一步推进受贿行贿一起查作出部署。《意见》指出，坚持受贿行贿一起查，是党的十九大作出的重要决策部署，是坚定不移深化反腐败斗争、一体推进不敢腐、不能腐、不想腐的必然要求，是斩断"围猎"与甘于被"围猎"利益链、破除权钱交易关系网的有效途径。要清醒认识行贿人不择手段"围猎"党员干部是当前腐败增量仍有发生的重要原因，深刻把握行贿问题的政治危害，多措并举提高打击行贿的精准性、有效性，推动实现腐败问题的标本兼治。

3.内外勾结行为的预防

(1)评标委员会坚持临时、随机地抽取，封闭工作。

(2)评标委员会来源尽量广泛、变动多。

(3)评标方法尽量量化、公开，选择评标方法时能折价的不打分。

(4)评标委员会职能细化、分开，评标委员会之间互相制约。

(5)技术指标采用标准指标，少用非标准的方式，星号参数更不可一家独有。

(6)招标资料保密，标底、评标委员会名单、投标人名单限定接触范围，分散掌握。

(7)投标保证金按上限收，提高投标人违规成本。

(8)选用招标代理机构时不要贪便宜，注重考察招标代理机构的资质、信誉。

(9)加强对单位内部人员的警示片、"高压线"、会场布置等教育。

(10)单位内部人员与投标人内外勾结的话，劣行要与其职业生涯挂钩。

(11)关注所有不合法、不合规的操作，背后多半有"猫腻"。

(12)加强信息公开，落实集体决策。

(13)建立"三分离"制度：筛选、评标、定标，不要让同一拨人同时做这几件事情，互相制约。

(14)强化自律自查和审计等单位内部风控和合规管理机制。

《中华人民共和国刑法》第二百二十三条 投标人相互串通投标报价，损害招标人或者其他投标人利益，情节严重的，处三年以下有期徒刑或者拘役，并处或者单处罚金。投标人与招标人串通投标，损害国家、集体、公民的合法利益的，依照前款的规定处罚。

《最高人民检察院公安部关于公安机关管辖的刑事案件立案追诉标准的规定（二）》第七十六条〔串通投标案（《刑法》第二百二十三条）〕投标人相互串通投标报价，或者投标人与招标人串通投标，涉嫌下列情形之一的，应予立案追诉：

（一）损害招标人、投标人或者国家、集体、公民的合法利益，造成直接经济损失数额在五十万元以上的；

（二）违法所得数额在十万元以上的；

（三）中标项目金额在二百万元以上的；

（四）采取威胁、欺骗或者贿赂等非法手段的；

（五）虽未达到上述数额标准，但两年内因串通投标，受过行政处罚二次以上，又串通投标的；

（六）其他情节严重的情形。

6.2.4　挂靠与作假行为的鉴别、处理与预防

1.挂靠与作假行为的鉴别方法

（1）鼓励投标人之间互相检举、揭发。投标人之间互为同行、互为对手，比招标人更清楚谁有资质、谁没资质、谁的材料不真实。而且他们也有互相检举、揭发的积极性。

（2）信用中国、国家企业信用信息公示平台、中国裁判文书网、中国政府采购网、住房和城乡建设部（四库一平台）等提供动态核查，提供原版证书、网站查询渠道、查询截屏等。

（3）用自己独特的方法调查核实。采用常规方法进行调查可能效果不佳，查看营业执照、劳动合同应该没有用，对方可能有备而来。可以询问投标人项目经理，他们单位的财务报销流程是怎样的？观察项目经理是不是中标单位的人。到工地询问开挖掘机的工人，看这台设备是哪个单位的？核实投标人有没有虚报。

（4）人员核实。查看社会保险（以下简称社保）缴纳单位和个人资质注

册单位是否一致，有无多处缴纳社保人员，投标人授权代表是不是投标单位的人。

（5）场所核实。查阅房产证、租赁合同、现场照片等。

2.挂靠与作假行为的处理

（1）情节严重且有证据的请求司法介入，特别是各种造假行为。

（2）进入政府黑名单。

（3）建立本单位的黑名单。

 案例分析

陈某得知××省一家水利水电职业学院物业采购项目要对外公开招标，竟然伪造××市委党校的电子印章进行投标，结果未能中标，反而把自己送进了监狱。2020年11月11日，××市委党校工作人员向××公安分局报案。近日，××市××法院以陈某犯伪造公文证章罪，判处有期徒刑6个月，并处罚金2000元。

3.挂靠与作假行为的预防

（1）明确企业和人员具体资格要求，查看营业执照、开户许可证、劳动合同、社保缴纳证明等。

（2）控制资金走向。招标人的款项不要付到项目部、分公司，要求付到中标人的基本账户。

（3）加强现场跟踪管理，使用点卯、打卡、指纹、刷脸等各种考勤方法确保投标人承诺的相关人员实实在在地在现场工作。

（4）鼓励竞争对手之间互相举报，举报要有奖励。在招标文件中公开表明，对弄虚作假行为举报有功，查证属实的有奖励。把弄虚作假的投标人的投标保证金没收，将其中一半发给举报人当奖金，剩下一半留作以后的打假基金。

（5）招标文件中提示对方可能面临的刑事罪责，包括伪造公文证章罪、社保诈骗罪、虚开发票罪、非法经营罪以及可能的合同诈骗罪。

（6）项目合同中奖惩明确、严厉，让弄虚作假者不敢造次。

（7）付款进度尽可能付缓一点，发现对方有问题时损失会小一些。

（8）提高履约保证，增加项目担保或保证金，提高其违法成本。

（9）要求投标保证金必须从投标人的基本账户缴纳。

（10）除了核查投标人以往项目合同内容、印章、发票、验收报告、网页截屏之外，工程项目最好利用打假基金进行实地考察：工程是否真实存在，施工单位及项目负责人、监理单位及总监理工程师、工程建设规模和相关技术指标、实际工程开工竣工时间等是否与投标文件中描述的一致。

（11）建立处罚信誉和黑名单制度。挂靠和作假屡禁不绝和招标人的打假决心不够有关，所以要想根除此毒瘤，必须要较真、敢于下狠手。

6.3 招标投标争议的解决

6.3.1 招标投标争议类型

招标投标争议大致可以分成两类：一类是民事争议，一类是行政争议。两类争议的处理方法大有不同，如图6-1所示。

图6-1 招标投标争议类型

（1）民事争议：是招标人、招标代理机构和投标人这些民事主体之间发生的争议。

（2）行政争议：是上述民事主体和政府监管部门（行政主体）之间发生的争议。

6.3.2 表达和解决民事争议的方式

表达和解决民事争议的方式如图6-2所示。

图6-2　民事争议的解决方式

1.异议

《招标投标法》法律体系的专用法律名词。异议是投标人向招标方（招标人、招标代理机构）提出疑问、主张权利。如果只是提出疑问，没有主张权利，那不是异议，是澄清，要求招标方澄清。异议必须以书面形式进行。异议可以捕风捉影，投诉才需要真凭实据。

异议的法律要件如表6-1所示。

异议的法律要件　　　　　　　　　　表6-1

	提出主体	受理主体	提出时间	澄清时间	形式要件
文件	潜在投标人或其他利害关系人	招标方（招标人或者招标代理机构）	截止前2日或10日	截止前3日或15日（如有需要，顺延）	（1）书面（传真、邮件）；（2）实名；（3）无格式要求；（4）法定代表人授权
开标	投标人		开标现场	当场	
评标	投标人和其他利害关系人		公示期内	3日内	
其他（违法违规等）	（可不经异议直接投诉）				

（1）招标投标的异议分成四个类别，分别是对招标文件或资格预审文件有意见、对开标过程有意见、对评标结果有意见和其他民事侵权行为。其中前三类异议是后期投诉的前置条件、前置程序，即这三类异议中未经过异议的事项是不可以投诉的。但第四类异议，即对于侵害自己民事权利的行为，包括违法乱纪行为，可以直接向政府监管部门投诉。

（2）有资格对招标文件或资格预审文件提出异议的主体是潜在投标人和其

他利害关系人。潜在投标人就是已经获取（下载或购买）招标文件或资格预审文件，但投标文件还没有递交的单位。投标文件或资格预审申请文件已经递交的是投标人。招标文件或资格预审文件还未获取的是"路人甲"，都没有看过招标文件或资格预审文件，如何对它有意见？其他利害关系人，例如投标人投的是某个厂家的产品，他背后的厂家就是其他利害关系人。该投标人中标，他背后的厂家获益；该投标人没有中标，他背后的厂家利益也受损。

（3）有资格对开标过程提出异议的主体是投标人。已经开标了，不存在潜在投标人了。

（4）有资格对评标结果提出异议的主体是投标人和其他利害关系人。

（5）异议的受理主体是招标方。有招标代理机构的项目，投标人的异议优先提交给招标代理机构，由招标代理机构负责答复。招标代理机构觉得异议范围已经超出招标人对他们的授权范围，由招标代理机构移交给招标人处理。没有招标代理机构的项目，投标人的异议直接提交给招标人。

（6）异议的时效规定非常重要。我国刑事法律责任都有时效性，何况招标投标民事争议。错过了异议的时效，有道理也变成没道理，很多异议事项也失去了向政府监管部门投诉的机会。

投标人对于招标文件的异议必须在投标截止日期前10日内提出。如果只是投标人的不理解，招标文件并没有问题是不需要修改的，招标方的澄清答复发放给所有投标人即可。如果投标人的异议导致招标人修改了招标文件，那要看投标人是否也需要相应地调整投标文件。如果招标人对招标文件的修改不导致投标人需要调整投标文件，例如只是把开标时间从上午改到下午，那就按原计划时间投标截止、开标；如果招标人对招标文件的修改导致投标人也需要调整投标文件，例如招标文件改变了技术要求，就需要留够15日给投标人相应调整其投标文件，如果此时距离投标截止日期已经不足15日，就需要顺延开标直至留够15日给投标人调整投标文件。对于资格预审文件的异议必须在资格预审申请文件提交截止日期前2日提出，相应的招标人对于资格预审文件的澄清也需要在资格预审申请文件提交的截止日期前3日发布。

投标人对开标过程的异议必须当场提出，招标人也应该当场答复。不过此时招标人不要轻易作结论性答复，例如答复"收到异议，会做进一步的调查后再行处理。"

依法必须进行招标项目的投标人对于评标结果的异议必须在中标公示期间

提出，非依法必须进行招标项目的异议提出时间可以参照执行，由招标人在招标文件中规定。招标人的答复是在收到异议后3日内答复。

（7）异议必须是书面的、实名的、有法定代表人或单位负责人签字的，但没有格式要求。异议的格式可以参照政府采购项目质疑函的格式。

2.质疑

质疑和异议其实是一回事，都是投标人向招标人提出疑问、主张权利，只是不同领域有不同的叫法。质疑是《政府采购法》法律体系的专用法律名词。质疑和询问的区别是有没有主张权利。质疑和异议的主要区别是时效规定的不同。投标人认为招标文件或资格预审文件、招标过程和中标结果使自己的权益受到损害的，可以在知道或者应知其权益受到损害之日起7个工作日内，以书面形式向招标人提出质疑。所谓"应知其权益受到损害之日"是指对招标文件或资格预审文件提出质疑的，收到文件或文件公告期限届满之日；对招标过程提出质疑的，招标程序各环节结束之日；对中标结果提出质疑的，中标结果公告期限届满之日。政府采购项目的招标公告、资格预审公告的公告期限为5个工作日。中标公告期限为1个工作日。这些期限是专门提供给招标投标各方计算时效用的，不是真正的公告时长，真正的公告时长会更久一些。

招标人应当在收到投标人的质疑后7个工作日内作出答复，并以书面形式通知质疑投标人和其他有关投标人，但答复的内容不得涉及商业秘密。询问或质疑事项可能影响中标结果的，招标人应当暂停签订合同；已经签订合同的，应当中止履行合同，等候处理。投标人的质疑和投诉都应当有明确的请求和必要的证明材料，且投标人投诉的事项不得超出已质疑事项的范围。

招标方认为投标人质疑不成立，或者成立但未对中标、成交结果构成影响的，继续开展采购活动；认为投标人质疑成立且影响或者可能影响中标、成交结果的，按照下列情况处理：

（1）对采购文件提出的质疑，依法通过澄清或者修改可以继续开展采购活动的，澄清或者修改采购文件后继续开展采购活动；否则应当修改采购文件后重新开展采购活动。

（2）对采购过程、中标或者成交结果提出的质疑，合格投标人符合法定数量时，可以从合格的中标或者成交候选人中另行确定中标、成交投标人的，应当依法另行确定中标、成交投标人；否则应当重新开展采购活动。

政府采购质疑函样本格式可以在财政部官方网站下载。

政府采购质疑函范本

一、质疑供应商基本信息

质疑供应商：

地址：   邮编：

联系人：   联系电话：

授权代表：

联系电话：

地址：   邮编：

二、质疑项目基本情况

质疑项目的名称：

质疑项目的编号：   包号：

采购人名称：

采购文件获取日期：

三、质疑事项具体内容

质疑事项1：

事实依据：

法律依据：

质疑事项2

……

四、与质疑事项相关的质疑请求

请求：

签字（签章）：   公章：

日期：

3.投诉

现实生活中，异议、质疑、投诉这三个法律概念经常被人混淆。投诉必须以书面形式向政府监管部门提出。投诉必须有明确的要求并附有效的证据或线索，因为处理投诉需要动用行政资源，必须爱惜行政资源。捏造事实、伪造证据的投诉应当予以驳回，并给予行政处理。

（1）企业采购领域的投诉

投标人或其他利害关系人认为招标投标活动不符合法律规定的，可以自知道或者应当知道之日起10日内向政府监管部门投诉。就招标文件或资格预审文件、开标过程、评标结果提起投诉的，应当先向招标人提出异议，异议答复期间不计算在前款规定的期限内。所谓"应当知道之日"指的是：①资格预审公告或者招标公告发布后，投诉人应当知道资格预审公告或者招标公告是否存在排斥潜在投标人等违法违规情形；②投诉人获取资格预审文件、招标文件一定时间后应当知道其中是否存在违反现行法律法规规定的内容；③开标后投诉人即应当知道投标人的数量、名称、投标文件提交、标底等情况，以及是否存在法定禁止投标的情形；④中标候选人公示后应当知道评标结果是否存在违反法律法规和招标文件规定的情形；⑤招标人委派代表参加资格审查或者评标的，资格预审评审或者评标结束后，即应知道资格审查委员会或者评标委员会是否存在未按照规定的标准和方法评审或者评标的情况；⑥招标人未委派代表参加资格审查或者评标的，招标人收到资格预审评审报告或者评标报告后，即应当知道资格审查委员会或者评标委员会是否存在未按照规定的标准和方法评审或者评标的情况等。

招标人是理所当然的其他利害关系人，所以招标人可以把所有自己无法解决的事情向政府监管部门投诉，包括评标委员会未严格按照招标文件规定的标准和方法评标，投标人串通投标、弄虚作假，资格审查委员会未严格按照资格预审文件规定的标准和方法评审，投标人或者其他利害关系人的异议成立但招标人无法自行采取措施予以纠正等，例如投标人或者其他利害关系人有关某中标候选人存在业绩弄虚作假的异议，经招标人核实后情况属实，而评标委员会又无法根据投标文件的内容给予认定，评标时缺少查证的必要手段，如果由招标人自行决定或者自行否决又容易被滥用，这时必须向政府监管部门提出投诉，由政府监管部门依法作出认定。

企业采购领域的投诉主体和受理主体如图6-3所示。

投诉书必须由单位负责人、法定代表人或其授权代表签字并盖章。按法律规定应先提出异议才能进行投诉事项，应当附上提出异议的证明文件。《招标投标法》法律体系的投诉书没有格式要求，可以参照政府采购的投诉函式。

按照相关法律规定，工程建设项目招标投标活动中下列投诉将不被受理：①投诉人不是所投诉招标投标活动的参与者，或者与投诉项目无任何利害关系；

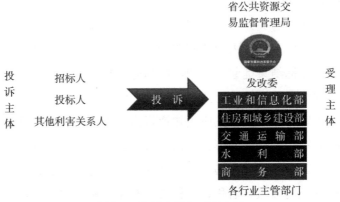

图6-3　投诉主体和受理主体

②投诉事项不具体，且未提供有效线索，难以查证的；③投诉书未署具投诉人真实姓名、签字和有效联系方式；以法人名义投诉的，投诉书未经法定代表人签字并加盖公章的；④超过投诉时效的；⑤已经作出处理决定，并且投诉人没有提出新的证据的；⑥投诉事项应先提出异议没有提出异议，已进入行政复议或者行政诉讼程序的。

投诉处理结果：①投诉缺乏事实根据或者法律依据的，或者投诉人捏造事实、伪造材料或者以非法手段取得证明材料进行投诉的，驳回投诉；②投诉情况属实，招标投标活动确实存在违法行为的，依法处罚。

（2）政府采购领域的投诉

政府采购质疑和投诉的提出主体：供应商、潜在供应商、代理人。

《政府采购法》法律体系的投诉只能由投标人（供应商、潜在供应商及它们所委托的代理人）提出，没有其他利害关系人的事情。其他民事侵权行为、违法乱纪行为不走投诉程序，应该直接向财政部门检举或向司法机关控告。

质疑投标人对招标人的答复不满意或者招标人未在规定时间内作出答复的，可以在答复期满后15个工作日内向本预算层级的政府采购监督管理部门投诉。未经过质疑的事项是不能投诉的。

政府采购质疑和投诉的受理主体如图6-4所示。

质疑受理主体　　　　投诉受理主体

采购人　　　　县级以上财政部门

图6-4　政府采购质疑和投诉的受理主体

政府采购法法律体系的投诉书有严格的格式要求。政府采购投诉函样本格式可以在财政部官方网站下载。

政府采购投诉书范本

一、投诉相关主体基本情况

投诉人：

地　址：　　　　　　　　　　　　　邮编：

法定代表人/主要负责人：　　　　　　联系电话：

授权代表：　　　　　　　　　　　　联系电话：

地　址：　　　　　　　　　　　　　邮编：

被投诉人1：

地　址：　　　　　　　　　　　　　邮编：

联系人：　　　　　　　　　　　　　联系电话：

被投诉人2

……

相关供应商：

地　址：　　　　　　　　　　　　　邮编：

联系人：　　　　　　　　　　　　　联系电话：

二、投诉项目基本情况

采购项目名称：

采购项目编号：　　　　　　　　　　包号：

采购人名称：

代理机构名称：

采购文件公告：是/否　　　　　　　　公告期限：

采购结果公告：是/否　　　　　　　　公告期限：

三、质疑基本情况

投诉人于＿＿＿年＿＿月＿＿日，向＿＿＿＿＿＿提出质疑，质疑事项为：

采购人/代理机构于＿＿＿＿年＿＿月＿＿日，就质疑事项作出答复/没有在法定期限内作出答复。

四、投诉事项具体内容

投诉事项 1:

事实依据:

法律依据:

投诉事项 2:

……

五、与投诉事项相关的投诉请求

请求:

签字（签章）：   公章：

日期：

政府采购监督管理部门应当在收到投诉后30个工作日内，对投诉事项作出处理决定，并以书面形式通知投诉人和与投诉事项有关的当事人。政府采购监督管理部门在处理投诉事项期间，可以视具体情况书面通知采购人暂停采购活动，但暂停时间最长不得超过30日。

投诉人提起投诉应当符合下列条件：①提起投诉前已依法进行质疑；②投诉书内容符合《政府采购质疑和投诉办法》（财政部令第94号）的规定；③在投诉有效期限内提起投诉；④同一投诉事项未经财政部门投诉处理；⑤财政部规定的其他条件。

政府采购项目投诉处理结果有以下法律规定：

《政府采购质疑和投诉办法》（财政部令第94号）第三十一条　投诉人对采购文件提起的投诉事项，财政部门经查证属实的，应当认定投诉事项成立。经认定成立的投诉事项不影响采购结果的，继续开展采购活动；影响或者可能影响采购结果的，财政部门按照下列情况处理：

（一）未确定中标或者成交供应商的，责令重新开展采购活动。

（二）已确定中标或者成交供应商但尚未签订政府采购合同的，认定中标或者成交结果无效，责令重新开展采购活动。

（三）政府采购合同已经签订但尚未履行的，撤销合同，责令重新开展采购活动。

（四）政府采购合同已经履行，给他人造成损失的，相关当事人可依法提起诉讼，由责任人承担赔偿责任。

第三十二条 投诉人对采购过程或者采购结果提起的投诉事项，财政部门经查证属实的，应当认定投诉事项成立。经认定成立的投诉事项不影响采购结果的，继续开展采购活动；影响或者可能影响采购结果的，财政部门按照下列情况处理：

（一）未确定中标或者成交供应商的，责令重新开展采购活动。

（二）已确定中标或者成交供应商但尚未签订政府采购合同的，认定中标或者成交结果无效。合格供应商符合法定数量时，可以从合格的中标或者成交候选人中另行确定中标或者成交供应商的，应当要求采购人依法另行确定中标、成交供应商；否则责令重新开展采购活动。

（三）政府采购合同已经签订但尚未履行的，撤销合同。合格供应商符合法定数量时，可以从合格的中标或者成交候选人中另行确定中标或者成交供应商的，应当要求采购人依法另行确定中标、成交供应商；否则责令重新开展采购活动。

（四）政府采购合同已经履行，给他人造成损失的，相关当事人可依法提起诉讼，由责任人承担赔偿责任。

投诉人对废标行为提起的投诉事项成立的，财政部门应当认定废标行为无效。

投诉人对政府采购监督管理部门的投诉处理决定不服或者政府采购监督管理部门逾期未作处理的，可以依法申请行政复议或者向人民法院提起行政诉讼。

4.磋商

招标人和投标人双方协商谈判解决争议，是解决问题效率最高、成本最低的方式。

5.调解

有时候双方协商谈判不成，请双方都信任的第三方出面斡旋，不失为解决问题的好方法。

6.仲裁

国外流行请仲裁委员会仲裁解决问题，是因为仲裁效率高、成本低，而且仲裁委员通常在所仲裁的项目领域比法官专业。但国内习惯和仲裁委员会公信力的原因，大家还是更喜欢采用法院的司法判决。

7.控告

向检察院或公安局经侦部门举报违法线索，由他们进行侦查、调查，并起诉到法院，寻求司法判决。

8.检举

检举又称举报，是将违法乱纪证据、线索举报给纪检监察部门，由他们按照党纪国法进行调查、处理。

9.行业自律

很多与招标投标相关的行业协会出台了团体标准，这些团体标准在解决本团体成员之间的争议时，可以作为依据。不属于该团体成员的单位在解决招标投标争议时，也可以借鉴这些团体标准，视之为可以参考的行业惯例。

10.社会舆论

社会舆论是独辟蹊径解决招标投标争议的方法，需要慎用。

6.3.3 表达和解决行政争议的方式

1.行政处理

招标投标争议中的行政处理，是指政府监管部门（行政主体）为了实现招标投标相关法律、法规和规章所规定的管理目标和任务，而依行政相对人的申请或依自身职权处理涉及特定行政相对人的某种权利义务事项的具体行政行为。在招标投标争议中，行政相对人包括招标人、投标人、招标代理机构及其他相关自然人。行政处罚属于行政处理中的一种形式，它是政府监管部门行使行政权力对行政相对人违反招标投标相关管理规定与秩序但尚未构成犯罪的违法行为，依法给予法律制裁的行政行为。

行政处罚的种类包括：警告；罚款；没收违法所得、没收非法财物；责令停产停业；暂扣或者吊销许可证、暂扣或者吊销执照；行政拘留；以及法律、行政法规规定的其他行政处罚。

2.行政复议

招标投标争议中的行政复议，是指招标投标的民事主体对招标投标政府监管部门的行政处理决定不服，而向更高级别的行政机关寻求重新处理的一种制度安排。

招标投标争议行政复议的申请人：被行政处理的招标人、投标人、招标代理机构及其他相关自然人，包括相关单位直接负责招标投标工作的主管人员和其他直接责任人员。

行政复议的被申请人：作出行政处理决定的政府监管部门。

处理主体：政府监管部门的本级人民政府或上级主管部门。

3.行政诉讼

招标投标争议中的行政诉讼是参与招标投标活动的民事主体认为招标投标政府监管部门的行政行为违法，向人民法院请求通过审查其行政行为合法性的方式来解决争议的一种制度安排。可以先申请行政复议，再申请行政诉讼；也可以不经过行政复议直接提起行政诉讼。

招标投标争议行政诉讼的当事人：

（1）原告。招标投标争议行政诉讼的原告是认为招标投标政府监管部门和监管部门的工作人员的行政行为侵犯其合法权益的招标人、投标人、招标代理机构及其他相关自然人。

（2）被告。未经行政复议直接诉讼的，作出具体行政行为的政府监管部门是被告。经过行政复议的案件，复议机关决定维持原具体行政行为的，作出原具体行政行为的政府监管部门是被告；复议机关改变原具体行政行为的，复议机关是被告。

（3）第三人。在招标投标争议行政诉讼中，同提起诉讼的具体行政行为有利害关系的其他公民、法人或者其他组织，可以作为第三人申请参加诉讼，或者由人民法院通知其参加诉讼。

处理主体：有管辖权的人民法院

 案例分析

在广州市政府采购中心组织的一次投标中，广州格力空调销售有限公司以最低的出价成为"中标候选供应商"，不料集中采购机构组织评标委员会"复评"，其结果却是一家出价最高的供应商中标。广州格力空调销售有限公司向广州市番禺区财政局投诉两次被驳回，遂将维持其处理决定的广州市财政局告上法庭。广州市天河区法院一审开庭审理了此案。

原告诉称，2008年9月28日至2008年10月29日期间，广州市政府采购中心对外发布了"'广州市番禺中心医院空调采购项目'子包二"公开招标的采购公告。

评标委员会对包括原告在内5家投标供应商的投标文件进行检查、比较和分析后，一致推荐投标报价为1707万元的原告为排名第一的预中标供应商。

2008年11月18日，广州市政府采购中心委托原先的评标专家对该采购项目的投标文件进行第二次评审和比较，并按照第二次评标结果确定中标供应商。同月21日，广州市政府采购中心在其网站上发布消息，报价金额2151万元的广东省石油化工建设集团公司中标。

为此，原告向广州市政府采购中心、番禺区财政局提出质疑和投诉，番禺区财政局驳回了原告的投诉请求。原告不服，向广州市财政局提起行政复议，广州市财政局撤销了番禺区财政局的处理决定，责令其重新作出行政决定。

番禺区财政局于2009年6月8日在政府采购专家库中随机抽取7名专家组成核实小组，其核实结论为：原告的投标文件不符合招标文件中带星号指标的要求，番禺区财政局据此驳回了原告的投诉。原告不服，再次向广州市财政局申请复议，广州市财政局维持了番禺区财政局的决定。

本案在当年号称中国招标投标争议第一案，其中将招标投标争议解决的流程表达得淋漓尽致。一审判决结果是"格力告错了（应该告原决定机关而不是复议机关）"，无人上诉。广州格力空调销售有限公司有可能只是一场事件营销。

 案例分析

我公司（指中国移动通信集团湖南有限公司，下同）于2018年3月20日参与《关于永州市本级电子政务外网网络平台扩容改造及运维外包采购项目》竞标且在当场公布了结果，我公司综合成绩排名第一，中国电信股份有限公司永州分公司（以下简称电信公司）排名第二，中国联合网络通信集团有限公司永州分公司（以下简称联通公司）排名第三。

永州市公共资源交易中心于2018年3月23日在网上公布了中标结果，但是在公示期内，电信公司和联通公司均提出质疑，根据2018年3月29日永州市政务服务中心及永州市公共资源交易中心给我公司提交的《关于永州市本级电子政务外网网络平台扩容改造及运维外包采购项目招标采购质疑问题进行说明和澄清的函》，有投标供应商提出的两点质疑，一是你公司存在低于成本报价投标，质疑人认为你公司投标报价远低于成本，存在明显的恶性竞争、扰乱市场秩序的行为。二是你公司存在虚假投标的嫌疑，质疑人认为你公司不具备项目相关实施条件及相关数据对接。

基于此，我公司针对这两点于2018年3月30日进行了回复澄清及诚信履约承诺书，针对成本分析及网络覆盖、平台对接等情况做了相关澄清，澄清内容见3月30日的澄清附件。永州市政务服务中心/永州市公共资源交易中心收到我公司澄清材料后于2018年4月2日组织原评标委员会成员及采购方相关责任人进行会审，期间我公司相关人员在会议室外候场，随时准备现场答疑。会审从开始到结束历时4小时，期间未让我公司进行现场答疑。我公司询问会审结果，未得到明确答复，让我公司等通知。

然后于2018年4月3日由永州市政务服务中心再次给我公司来函：经评标委员会讨论，认为你公司的澄清说明不能完全证明投标报价没有低于成本价，为此，请你公司提供投标成本的详细情况说明及相关证明材料，以证明你公司投标报价中网络线路租赁及组成部分报价的合理性，没有低于网络线路租赁及组成部分成本。

我公司于2018年4月8日再次提交了澄清材料，主要对我公司网络成本做出解释，但由于网络具体成本（到具体单位）涉及我公司商业机密，我公司办公会决议后没有对所有单位及其他线路进行详细成本罗列，但提供了相对详细的说明。

永州市政务服务中心/永州市公共资源交易中心收到我公司澄清材料后于2018年4月10日再次召集评标委员会进行会审，我公司在场外候场答疑，期间评标委员会对我公司提出了成本的质疑，我公司对成本进行了解释和答疑，评标委员会认为我公司提供的成本不够具体，没有具体到每一个接入单位，但我公司对每个单位的接入情况做了解释说明。会审结束后没有当场宣布结果。

4月中旬，我公司通过相关渠道打听到评标委员会和采购人准备做废标处理，因此我公司紧急召开相关会议讨论，尽管涉及我公司商业秘密，我公司仍决定向评标委员会及采购人/采购代理机构提供我公司的成本明细组成。于是我公司于2018年4月26日向采购代理机构及采购人提交项目补充说明，但是采购代理机构拒收，反馈我方未让你提供材料，你可以向采购人提交；我方向采购人提交时，采购人也未接受，以需要2份原件为由拒收。在我公司准备2份原件时，已得到废标通知。

永州市政务服务中心/永州市公共资源交易中心于5月2日在网上发布废标结果，同时给我公司发了《关于永州市本级电子政务外网网络平台扩容改造及运维外包采购项目废标的决定》函件。

根据废标结果，我公司认为这一"决定"影响了我公司的合法利益，并于2018年5月7日依据相关流程向永州市政务服务中心提交了质疑函和项目的补充资料，主要对我公司成本做进一步地分析和补充，并对要求我公司提供的详细成本组成等材料涉及商业机密，不符合《政府采购质疑和投诉办法》（财政部令第94号）相关规定提出质疑。永州市政务服务中心于2018年5月15日给我公司回函，告知我公司该项目保持之前的废标决定，如有问题可向当地财政部门进行投诉。

我公司于2018年6月4日向财政局提交了政府采购投诉书，由于未提供详细的事实依据和必要的法律依据，财政局给我公司来函告知需补充相关材料。

我公司于6月7日提交了最终的政府采购投诉书，且财政局已正式受理该投诉。

中国移动通信集团湖南有限公司

注：该案处理结果，永州市财政局认定永州市政务服务中心／永州市公共资源交易中心的废标行为无效，恢复中国移动通信集团湖南有限公司的中标人资格。

政府采购投诉书

一、投诉相关主体基本情况

投诉人：中国移动通信集团湖南有限公司

地址：湖南省长沙市芙蓉区车站北路489号邮编：410000

法定代表人姓名：×××

联系电话：×××

委托代表：×××　　联系电话：×××

工作单位：中国移动通信集团湖南有限公司永州分公司

地址：湖南省永州市冷水滩区育才路1号　邮编：425000

被投诉人1：永州市公共资源交易中心

地址：永州市冷水滩区逸云路1号　邮编：425000

联系人：×××　　联系电话：×××

被投诉人2：永州市政务服务中心

地址：永州市冷水滩区逸云路1号　邮编：425000

联系人：×××　　联系电话：×××

二、投诉项目基本情况

采购项目名称：关于永州市本级电子政务外网网络平台扩容改造及运维外包采购项目

采购项目编号：YZGZ-2018CGZB015　包号：/

采购人名称：永州市政务服务中心

代理机构名称：永州市公共资源交易中心

采购文件公告：是　　公告期限：2018年3月6日 17：00

采购结果公告：是　　公告期限：（中标公告）2018年3月23日

（废标公告）2018年5月2日挂网

三、质疑基本情况

投诉人于 2018 年 5 月 7 日，向永州市政务服务中心提出质疑，质疑事项为质疑澄清答复要求我公司提供的详细成本组成等材料涉及商业机密，不符合《政府采购质疑和投诉办法》（财政部令第94号）相关规定。

采购人于 2018 年 5 月 15 日，就质疑事项作出答复。

四、投诉事项具体内容

投诉事项1：

质疑澄清答复要求我公司澄清我公司的具体成本组成，这涉及我公司的商业机密，而评标委员会在没有查清该项目的行业价，也没有证实我公司的报价低于行业价和我公司成本价就对该项目做废标处理。

事实依据：

1.永州市公共资源交易中心于2018年3月20日组织了永州市本级电子政务外网网络平台扩容改造及运维外包采购项目（采购编号：YZGZ-2018CGZB015）招标，中标结果公示后，我公司排名为第一名。由于在公示期内中国电信股份有限公司永州分公司（以下简称电信公司）和中国联合网络通信集团有限公司永州分公司（以下简称联通公司）提出了质疑，永州市公共资源交易中心/永州市政务服务中心于2018年3月29日及2018年4月2日给我公司来函,要求我公司对质疑项进行澄清,要求澄清我公司的具体成本组成,我公司认为详细的成本组成已涉及我公司商业机密,尽管如此,我公司在答疑时进行了现场解答,并在短期内提供了详细的成本报价和成本明细组成。而采购人及原评标委员会认为我公司不能提供详细成本组成,无法证明我公司的报价不低于成本价,对该项目做废标处理。

我公司认为该项目的"废标决定"是错误的。第一,该项目没有标底。第二,投标成本价是投标人为完成投标项目所需支出的个别成本,只要投标人的报价不低于自身的个别成本,即使是低于行业平均成本,也是完全可以的。第三,评标委员会在没有查清该项目的行业价也没有证据证实我公司的投标报价低于行业价及个别成本价的情况下,仅以电信公司和联通公司的报价作为参考说明我公司的报价低于成本价,而他们的报价既不是行业价,也不是企业的个别成本。

2.我公司的成本组成不为人知,一是成本核算过程与产品工艺流程密切相关,而工艺流程、生产方法可作为商业秘密为世人所公认、受法律保护的,这从客观上对成本资料提出了保密要求。二是成本资料直接关系到企业的市场策略。竞争是市场经济下企业发展的外部推动力,竞争是无情的,它要求社会主义企业在满足人民群众物质文化需要的生产目的、遵纪守法的前提下,采用灵活多样的市场定位、市场占领策略,做出正确的产品组合、产品定价政策,而诸如此类的市场策略,其制订无不以成本资料为基础。市场策略往往是企业"商战"中的重要商业秘密,它无疑也对保守企业成本资料提出要求。三是先进的成本管理方法本身也可能成为商业秘密。基于此,我公司的施工工艺、产品组合、定价政策等作为商业秘密是成本核算的重要部分,因此我公司的具体成本组成是商业秘密,且符合相关法律规定(具体见法律依据)。

3.在评标现场,评标委员会并没有对我公司的报价提出质疑或异议,也当场公布了评标结果(我公司为第一名)。评标委员会不能因为其他供应商提出质疑而对我公司报价与成本进行质疑。与《政府采购货物和服务招标投标管理办法》(财政部令第87号)第六十条不符。

4.我公司于2018年5月7日向永州市政务服务中心及永州市公共资源交易中心进行质疑,但永州市公共资源交易中心接收后拒绝签字,也没有回复;永州市政务服务中心虽然接收了质疑资料,但未正面回复我公司质疑,仅回复了告知函，告知我公司该项目已做废标处理，若我公司有异议可以向财政部门依法进行投诉。

法律依据：

1.《政府采购质疑和投诉办法》（财政部令第94号）第十五条　质疑答复应当包括下列内容：（一）质疑供应商的姓名或者名称；（二）收到质疑函的日期、质疑项目名称及编号；（三）质疑事项、质疑答复的具体内容、事实依据和法律依据；（四）告知质疑供应商依法投诉的权利；（五）质疑答复人名称；（六）答复质疑的日期。**质疑答复的内容不得涉及商业秘密。**

2.国家市场监督管理总局发布的《关于禁止侵犯商业秘密行为的若干规定》第二条　商业秘密，是指不为公众所知悉、能为权利人带来经济利益、具有实用性并经权利人采取保密措施的技术信息和经营信息。本规定所称不为公众所知悉，是指该信息是不能从公开渠道直接获取的。本规定所称能为权利人带来经济利益、具有实用性，是指该信息具有确定的可应用性，能为权利人带来现实的或者潜在的经济利益或者竞争优势。本规定所称权利人采取保密措施，包括订立保密协议，建立保密制度及采取其他合理的保密措施。本规定所称技术信息和经营信息，包括设计、程序、产品配方、制作工艺、制作方法、管理诀窍、客户名单、货源情报、产销策略、招标投标中的标底及标书内容等信息。

3.《中华人民共和国反不正当竞争法》第九条　经营者不得实施下列侵犯商业秘密的行为：

（一）以盗窃、贿赂、欺诈、胁迫或者其他不正当手段获取权利人的商业秘密；

（二）披露、使用或者允许他人使用以前项手段获取的权利人的商业秘密；

（三）违反约定或者违反权利人有关保守商业秘密的要求，披露、使用或者允许他人使用其所掌握的商业秘密。

第三人明知或者应知商业秘密权利人的员工、前员工或者其他单位、个人实施前款所列违法行为，仍获取、披露、使用或者允许他人使用该商业秘密的，视为侵犯商业秘密。

本法所称的商业秘密，是指不为公众所知悉、具有商业价值并经权利人采取相应保密措施的技术信息和经营信息。

4.《政府采购货物和服务招标投标管理办法》（财政部令第87号）第六十

条 评标委员会认为投标人的报价明显低于其他通过符合性审查投标人的报价，有可能影响产品质量或者不能诚信履约的，应当要求其在评标现场合理的时间内提供书面说明，必要时提交相关证明材料；投标人不能证明其报价合理性的，评标委员会应当将其作为无效投标处理。

5.《政府采购质疑和投诉办法》（财政部令第94号）第三十六条 采购人、采购代理机构有下列情形之一的，由财政部门责令限期整改；情节严重的，给予警告，对直接负责的主管人员和其他直接责任人员，由其性质主管部门或者有关机关给予处分，并予以通报：

（一）拒收质疑供应商在法定质疑期内发出的质疑函；

（二）对质疑不予答复或者答复与事实明显不符，并不能作出合理说明；

（三）拒绝配合财政部门处理投诉事宜。

五、与投诉事项相关的投诉请求

请求：

根据《中华人民共和国政府采购法》《政府采购货物和服务招标投标管理办法》（财政部令第87号）、《中华人民共和国政府采购法实施条例》《政府采购质疑和投诉办法》（财政部令第94号）的规定，我公司请求如下：

一是撤销对"永州市本级电子政务外网网络平台扩容改造及运维外包采购项目"的废标决定。

二是决定我公司为该项目的合法中标人。

签字（签章）： 公章：

日期：2018年6月11日

附：本投诉书1份。授权委托书1份。永州市公共资源交易中心/永州市政务服务中心函件4份。永州市财政局投诉修改补正通知书1份。我公司澄清材料2份。我公司补充证明材料1份。我公司质疑材料1份。

分析

（1）异议、质疑和投诉这些法律手段要慎重选择，一旦选择开始，就要敢于坚持到底，不分出是非不罢手，半途而废可能不是好的选择。

（2）质疑（异议）—投诉—行政复议—行政诉讼，这套法律程序按顺序稳扎稳打，控制好节奏，确保每一步都找对人（单位），每一步都不要错过时效。

（3）开启法律程序需要真凭实据，需要合法地收集证据，证明叙述的事实真实发生过，还要找到相关的法律依据，依法提出诉请。

（4）做好背景调查。不要和国家的政策方针和社会趋势相背离。现在政府采购领域早就没有投标价低于成本价要废标的规定了，新的《招标投标法》也会删除这一条。只要诚信履约、保证质量，多低的投标价都可以中标。财政部门要的是精打细算，为国家省钱。综合以上考虑，财政部门支持中国移动通信集团湖南有限公司的诉请，不支持永州市政务服务中心的废标决定是可以预见的。

附　　录

各省、自治区、直辖市政府设定的本地区政府采购分散采购限额标准和公开招标数额标准（截止到2022年6月30日）

《北京市2020—2022年政府采购集中采购目录及标准》（京财采购〔2019〕2659号）

1.分散采购限额标准

除集中采购机构采购项目和部门集中采购项目外，各预算单位采购货物、服务和工程单项或批量金额达到100万元以上（含100万元）的标准时，应执行《中华人民共和国政府采购法》和《中华人民共和国招标投标法》有关规定，实行分散采购。

2.公开招标限额标准

各预算单位采购单项或批量金额达到以下标准时，应执行《中华人民共和国政府采购法》和《中华人民共和国招标投标法》有关规定，采用公开招标的方式进行采购。

（1）货物和服务类：400万元以上（含400万元）；

（2）工程类：按照国家招标投标有关规定执行。

《上海市政府集中采购目录及标准（2021年版）》（沪财采〔2020〕25号）

1.分散采购限额标准

本市政府采购货物、服务和工程项目分散采购限额标准为100万元。

除集中采购机构采购项目外，各单位自行采购单项或批量金额达到分散采购限额标准的项目应按《中华人民共和国政府采购法》和《中华人民共和国招标投标法》有关规定执行。

集中采购目录以外且金额未达到分散采购限额标准的项目，由采购人按照相关预算支出管理规定和单位内部控制采购规程等组织实施采购。财政部门另有规定的，按规定执行。

2.公开招标数额标准

本市政府采购货物和服务项目公开招标数额标准为400万元。政府采购工程以及与工程建设有关的货物、服务公开招标数额标准按照国务院有关规定执行。

《广东省政府集中采购目录及标准（2020年版）》（粤财采购〔2020〕18号）

1.分散采购限额标准

除集中采购机构采购项目和部门集中采购项目外，单项或批量金额达到100万元以上（含100万元，下同）的货物、工程和服务项目应执行《中华人民共和国政府采购法》和《中华人民共和国招标投标法》有关规定，实行分散采购。

2.公开招标数额标准

（1）货物和服务类

单项或批量金额400万元以上的货物和服务项目，应采用公开招标方式。

（2）工程类

施工单项合同估算价400万元以上的工程项目、与工程建设有关的重要设备、材料等货物项目200万元以上的以及与工程建设有关的勘察、设计、监理等服务项目100万元以上的，必须招标。

政府采购工程以及与工程建设有关的货物、服务，采用招标方式采购的，适用《中华人民共和国招标投标法》及其实施条例；采用其他方式采购的，适用《中华人民共和国政府采购法》及其实施条例。

《关于调整广西政府采购项目公开招标数额和分散采购限额标准的通知》（桂财采〔2021〕61号）

经自治区人民政府同意，现就调整我区政府集中采购目录及标准（2020年版）的公开招标数额标准和分散采购限额标准有关事项通知如下：

1.调整后的公开招标数额标准如下：

政府采购货物、服务项目公开招标数额标准全区统一为300万元。政府采购货物或者服务项目，采购金额达到300万元以上的，采用公开招标方式。

政府采购工程以及与工程建设有关的货物、服务公开招标数额标准按照国务院有关规定执行。政府采购工程依法不进行招标的，应当依照《中华人民共和国政府采购法》及《中华人民共和国政府采购法实施条例》等规定的竞争性谈判、竞争性磋商或者单一来源等采购方式采购。

2.调整后的分散采购限额标准如下：

货物、服务类项目：自治区本级为100万元，设区市、县（市、区）级为50

万元；

工程类项目：自治区本级为100万元，设区市、县（市、区）级维持原标准60万元不变。

3.各市、县人民政府应严格执行自治区调整公布的公开招标数额标准和分散采购限额标准，不得再自行确定。

《福建省政府集中采购目录及限额标准（2021版）》（闽财购函〔2021〕2号）

1.分散采购限额标准

省级货物或服务项目分散采购限额标准为50万元，市县级货物、服务项目分散采购限额指导标准为30万元以上；省级工程项目分散采购限额标准为100万元，市县级工程项目分散采购限额指导标准为60万元以上。

2.公开招标数额标准

政府采购货物或服务项目，省级公开招标数额标准为300万元，市县级公开招标数额标准为200万元；政府采购工程以及与工程建设有关的货物、服务公开招标数额标准按照国务院有关规定执行。

《浙江省2021—2022年度政府集中采购目录及标准》（浙财采监〔2021〕1号）

1.分散采购限额标准

货物、服务类项目：省级100万元；市级50万元；县级30万元。

工程类项目：省级100万元，市级80万元，县级60万元。

2.公开招标数额标准

政府采购货物和服务项目，单项或年度批量预算金额达到公开招标数额标准的，应当实行公开招标。

全省货物和服务项目公开招标数额标准为：省市县三级均为400万元。

建设工程以及与工程建设有关的货物、服务项目，按照国务院有关规定执行。

符合非公开招标采购方式法定适用情形的，可以采用非公开招标采购方式，但应当在采购活动开始前获得设区市以上政府采购监管部门或县级政府批准。

《江苏省2022年政府集中采购目录及标准》（苏财购〔2021〕66号）

1.分散采购限额标准

省级、南京市和苏州市（含所属县级市）货物和服务项目分散采购限额为

夺标·合规高效的招标管理

50万元，其他设区市、县级货物和服务项目分散采购限额为30万元；工程项目分散采购限额标准为60万元。集中采购目录以外，采购人采购单项或批量金额达到分散采购限额标准的项目，应当按照政府采购法有关规定，实行分散采购。集中采购目录以外且分散采购限额标准以下的采购项目，不执行政府采购法规定的方式和程序，由采购人按照相关预算支出管理规定和本单位内控制度自行组织实施。

2.公开招标数额标准

政府采购货物和服务类公开招标数额标准为400万元，采购人采购货物、服务项目单项或批量金额达到400万元以上的，应当采用公开招标方式。达到公开招标数额标准、符合其他法定采购方式适用情形的，采购人可经同级财政部门批准后采用非公开招标方式采购。政府采购工程招标数额标准按照国务院有关规定执行。

《安徽省政府集中采购目录及标准（2022年版）》（皖财购〔2021〕672号）

1.分散采购限额标准

除集中采购机构采购项目外，各单位自行采购或委托社会代理机构采购单项或批量采购预算达到分散采购限额标准的项目应按《中华人民共和国政府采购法》和《中华人民共和国招标投标法》有关规定执行。

省级单位货物、服务项目分散采购限额标准为50万元，市县级单位货物、服务项目分散采购限额标准为30万元；工程项目分散采购限额标准为60万元。

2.公开招标数额标准

政府采购货物或服务项目，单项采购预算达到400万元的，必须采用公开招标方式。政府采购工程以及与工程建设有关的货物、服务公开招标数额标准按照国务院有关规定执行。

《山东省政府集中采购目录及标准（2021版）》（鲁财采〔2020〕30号）

1.分散采购限额标准

《政府集中采购目录》以外，单项或批量采购预算金额在限额标准以上的实行分散采购，预算单位可自行组织或委托采购代理机构组织采购。具体采购限额标准如表1所示。

采购限额标准 表1

单位：万元

级次＼标准	货物	服务	工程
省级	150	150（工程勘察、设计、监理服务为100万元）	150
市县级	50	50	60

2.公开招标数额标准

单项或批量采购预算金额达至1公开招标数额标准以上的，应当实行公开招标。因特殊情况确需房采用非公开招标采购方式的，应当在采购活动开始前获得财政部门批准。具体公开招标数额标准如表2所示。

公开招标数额标准 表2

单位：万元

级次＼标准	货物	服务	工程
省级	400	400（工程勘察、设计、监理服务为100万元）	400
市县级	200	200	400

《河北省政府集中采购目录及标准（2020年版）》（冀财采〔2020〕12号）

1.政府采购限额标准

政府采购货物、服务限额标准为：单项或批量采购预算金额省级（含雄安新区本级）50万元（含）以上，设区市级40万元（含）以上，县级30万元（含）以上。

政府采购工程项目采购限额标准60万元（含）以上。

2.公开招标数额标准

政府采购货物、服务项目公开招标数额标准为200万元（含）以上。

政府采购工程以及与工程建设有关的货物、服务的公开招标数额标准按照《必须招标的工程项目规定》（国家发展改革委令第16号）规定执行。

《天津市政府集中采购目录和采购限额标准（2020年版）》（津财采〔2020〕22号）

1.政府采购限额标准

政府采购限额标准市级和滨海新区为50万元，工程类项目为60万元。

2.公开招标数额标准

货物类、服务类项目公开招标数额标准为400万元，工程类项目按照国务院有关规定执行。

内蒙古自治区《全区统一集中采购目录及有关政策（2020年版）》（内财购〔2019〕1733号）

1.公开招标数额标准

政府采购货物或服务项目，单项采购金额400万元以上的，采用公开招标方式。与建筑物和构筑物的新建、改建和扩建无关的单独装修、拆除、修缮工程，项目采购金额400万元以上的，采用公开招标方式。

2.分散采购限额标准

除集中采购目录外，各单位自行采购单项或批量达到分散采购限额标准的项目应按《中华人民共和国政府采购法》及其实施条例有关规定执行。

政府采购货物、服务和工程项目分散采购限额标准为自治区本级100万元，盟市级80万元，旗县级60万元。

山西省《2022—2023年集中采购目录及采购限额标准》（晋财购〔2022〕3号）

1.分散采购限额标准

除集中采购机构采购项目外，采购单位采购单项或批量金额达到采购限额标准的项目，应当按照《中华人民共和国政府采购法》有关规定，实行分数采购。集中采购机构采购项目外、采购限额标准以下的项目，不适用政府采购法律法规规定，由采购单位按照主管预算部门以及本单位内部控制与管理制度自行组织实施。

省级以及设县（区）的市级货物、服务项目分散采购限额为50万元，县级货物、服务项目分散采购限额为30万元；省级、市级和县级工程项目分散采购限额标准为60万元。

2.公开招标数额标准

政府采购货物和服务类公开招标数额标准为400万元，采购单位采购货物、服务项目单项或批量采购预算金额达到400万元以上的，采用公开招标方式。达到公开招标数额标准，符合其他采购方式法定适用情形的，采购单位可依法经财政部门批准后变更为非公开招标采购方式采购。政府采购工程公开招标数额标准按照国务院以及我省有关规定执行。

《河南省政府集中采购目录及标准（2020年版）》（豫财购〔2020〕4号）

1.分散采购限额标准

省及郑州市本级货物、工程、服务项目分散采购限额为100万元，市级（不含郑州市）货物、服务项目分散采购限额为50万元，县级货物、服务项目分散采购限额为30万元，市级（不含郑州市）和县级工程项目分散采购限额标准为60万元。

2.公开招标数额标准

预算单位采购货物、服务项目，省级及郑州市本级单项或批量预算金额达到400万元以上的、市级（不含郑州市）和县级单项或批量预算金额达到200万元以上的，采用公开招标方式。政府采购工程招标数额标准按照《必须招标的工程项目规定》（国家发展改革委令第16号）执行。

《湖北省政府集中采购目录及标准（2021年版）》（鄂政办发〔2020〕56号）

1.分散采购限额标准

除集中采购机构采购项目外，各预算单位单项或批量采购金额达到分散采购限额标准的项目应按《中华人民共和国政府采购法》和《中华人民共和国招标投标法》有关规定执行。分散采购限额标准如下：

货物、服务类项目省级和武汉市本级为100万元、市州级为60万元、县级为40万元；

工程类项目全省统一为60万元。

2.公开招标数额标准

政府采购货物或服务项目，省级单项或批量采购达到400万元以上、市县级200万元以上的应当采用公开招标方式，其中武汉市本级执行省级公开招标数额标准。政府采购工程项目以及与工程建设有关的货物、服务公开招标数额标准按照国家有关规定执行。

《湖南省2021年省级政府集中采购目录及政府采购限额标准》（湘财购〔2020〕19号）

1.省级政府采购限额标准

省级集中采购和分散采购的政府采购限额标准为：货物项目采购预算金额50万元以上；服务项目采购预算金额80万元以上；工程项目采购预算金额100万元以上。

2.公开招标数额标准

全省政府采购货物和服务项目公开招标数额标准：200万元。政府采购工程项目公开招标数额标准按照国家有关规定执行。货物或服务采购项目预算金额达到公开招标数额标准的，采购人应当采用公开招标方式；符合非公开招标采购方式情形，需采用公开招标以外采购方式的，采购人应当在采购活动开始前向设区的市（州）以上财政部门申请批准。

《江西省政府集中采购目录及标准（2022年版）》（赣财购〔2021〕30号）

1.分散采购限额标准

除集中采购机构采购项目和部门集中采购项目外，各级预算单位自行或委托采购代理机构采购单项或批量金额达到分散采购限额标准的项目，应按《中华人民共和国政府采购法》和《中华人民共和国招标投标法》有关规定执行。省级预算单位的货物、服务项目分散采购限额标准为100万元，市县级预算单位的货物、服务项目分散采购限额标准为50万元；工程项目分散采购限额标准为60万元。

2.公开招标数额标准

政府采购货物或服务项目单项或批量采购金额达到200万元以上（含200万元）的，应当采用公开招标方式组织实施。政府采购工程以及与工程建设有关的货物、服务公开招标数额标准按照国务院有关规定执行。

《四川省政府集中采购目录及标准（2020年版）》（川财规〔2020〕11号）

1.分散采购限额标准

集中采购目录以外，单项或批量采购预算省级和成都市本级在50万元、其他市本级和县（市、区）级在30万元以上的货物和服务项目；单项或批量采购预算在100万元以上的工程项目。

2.公开招标数额标准

政府采购货物和服务项目，单项或批量采购预算在400万元以上的，应当采用公开招标方式；政府采购工程以及与工程建设有关的货物、服务公开招标数额标准按照国务院有关规定执行。

《重庆市政府集中采购目录及采购限额标准（2021年版）》（渝财规〔2020〕14号）

1.分散采购限额标准

集中采购目录以外，且单次采购金额50万元及以上的货物和服务类项目，单次采购金额100万元及以上的工程类项目，采购人应按照《中华人民共和国政府采购法》及其实施条例等规定，实行分散采购。属于分散采购范围的采购项目，采购人可自行组织采购或者委托采购代理机构代理采购。

2.公开招标数额标准

单次采购金额达到200万元及以上的货物和服务类采购项目应当采用公开招标方式采购。政府采购工程以及与工程建设有关的货物、服务公开招标数额标准按照国家有关规定执行，达到公开招标限额标准的，适用《中华人民共和国招标投标法》及其实施条例。

《贵州省政府集中采购目录及限额标准（2021年版）》（黔府办发〔2020〕35号）

1.分散采购限额标准

（1）货物和服务类。分散采购限额标准50万元。各单位采购达到分散采购限额标准的项目应按照《中华人民共和国政府采购法》及其实施条例有关规定执行。

（2）工程类。分散采购限额标准60万元。政府采购工程以及与工程建设有关的货物、服务，采用招标方式采购的，按照《中华人民共和国招标投标法》及其实施条例有关规定执行；采用非招标方式采购的，按照《中华人民共和国政府采购法》及其实施条例有关规定执行。采购单位不得以化整为零方式规避政府采购。

2.公开招标数额标准

（1）货物和服务类。公开招标数额标准200万元。政府采购货物或服务项目，单项采购金额200万元以上（含200万元）的，采用公开招标方式；低于200万元的，可采用竞争性谈判、询价、竞争性磋商、单一来源等采购方式进行采购。

（2）工程类。按照国家制定的工程建设项目招标范围和规模标准规定执行。对于分散采购限额标准60万元以上（含60万元），国家制定的工程建设项目招标标准以下的政府采购工程及与工程建设有关的货物、服务项目，可采用竞争性谈判、询价、竞争性磋商、单一来源等采购方式进行采购。

《云南省政府集中采购目录及标准（2021年版）》（云政办函〔2020〕115号）

1.分散采购限额标准

分散采购限额标准60万元。高校、科研院所科研仪器设备项目的分散采购限额标准为100万元。

2.公开招标数额标准

（1）货物和服务类

公开招标数额标准200万元。

政府采购货物或服务项目，采购金额达到200万元及以上的，应当采用公开招标方式；符合政府采购法有关规定情形或者有需要执行政府采购政策等特殊情况，拟采用公开招标以外采购方式的，采购单位应当在采购活动开始前，报经主管预算单位同意后，向州市级及以上财政部门申请批准。

（2）工程类

政府采购工程以及与工程建设有关的货物、服务公开招标数额标准按照国务院有关规定执行。

《西藏自治区2021—2022年度政府集中采购目录及采购限额标准》（藏财采办〔2020〕205号）

1.分散采购限额标准自治区本级及七地市各部门采购单项或批量金额达到分散采购限额标准的项目应按《中华人民共和国政府采购法》和《中华人民共和国招标投标法》有关规定执行。货物、服务项目分散采购限额标准为50万元以上（含50万元）；工程项目分散采购限额为80万元以上（含80万元）。

2.公开招标数额标准

（1）政府采购货物、服务项目，单项采购金额达到200万元以上（含200万元）的，应当采用公开招标方式采购。

（2）政府采购工程及与工程建设有关的货物、服务，进行招标投标的，适用《中华人民共和国招标投标法》及其实施条例，其公开招标数额标准按照国务院有关规定执行。

《青海省2021—2022年度政府集中采购目录及限额标准》（青政办〔2020〕85号）

1.采购限额标准

（1）集中采购限额。政府集中采购目录以内年度单项或者批量省级50万元、市州级40万元、县级30万元。

（2）分散采购限额。政府集中采购目录以外年度单项或者批量省级60万元、市州级50万元、县级40万元。

达到上述采购限额标准的项目，采购人应按照《中华人民共和国政府采购法》及其实施条例等有关规定执行。未达到采购限额标准的项目，不属于政府采购法调整的范围，采购人无须向本级财政部门备案政府采购实施计划和合同，但应按照网上商城（电子卖场）、协议定点等要求组织采购。

2.公开招标数额标准

（1）省级货物和服务类项目，采购预算金额达到400万元的，应当采用公开招标方式。

（2）市州级货物和服务类项目，采购预算金额达到300万元的，应当采用公开招标方式。

（3）县级货物和服务类项目，采购预算金额达到200万元的，应当采用公开招标方式。

（4）政府采购工程以及与工程建设有关的货物、服务公开招标数额标准，按照国务院有关规定执行。

未达到上述公开招标数额标准的，采购人可根据项目特点，依法选择竞争性磋商、竞争性谈判、询价等适宜的非招标采购方式。依法审慎选择采用单一来源采购方式。

《陕西省政府集中采购目录及标准（2021年版）》（陕政办函〔2020〕98号）

1.政府采购限额标准

政府采购限额标准指集中采购机构采购项目和部门集中采购 项目以内采购项目的限额标准。

工程项目，省级限额标准为80万元，市县级限额标准为60万元。

货物或服务项目，省级限额 标准为50万元，市县级限额标准为30万元。

2.公开招标数额标准

工程项目，公开招标的数额标准为400万元以上。

货物或服务项目，省级公开招标的数额标准为300万元以上，市县级为200万元以上。

与建筑物和构筑物新建、改建、扩建无关的装修、拆除、修 缮工程，项目采购金额400万元以上的，可以采用竞争性谈判、竞争性磋商或者单一来源方式进行采购，应在采购开始前报同级财政部门批准。

《甘肃省2020—2022年政府集中采购目录和采购限额标准》（甘财采〔2020〕13号）

1.分散采购限额标准

省、市级单位货物和服务项目分散采购限额标准50万元以上，工程项目分散采购限额标准100万元以上。

县级单位货物和服务项目分散采购限额标准30万元以上，工程项目分散采购限额标准60万元以上。

2.公开招标数额标准

货物或服务项目单项采购金额达到200万元以上的，应当采用公开招标方式，因特殊情况需要采用公开招标以外采购方式的，应在采购活动开始前，报经政府采购监督管理部门批准。政府采购工程公开招标数额标准按照国务院有关规定执行。

《新疆维吾尔自治区2021—2022年度政府集中采购目录及标准》（新财购〔2020〕15号）

1.分散采购限额标准

货物、服务项目分散采购限额标准为50万元；工程项目分散采购限额标准为100万元。

除集中采购机构采购项目外，预算单位采购单项或批量预算金额达到分散采购限额标准以上的项目，应当按照《中华人民共和国政府采购法》及其实施条例有关规定执行。

2.公开招标数额标准

单项采购金额达200万元（不含200万元）以上的货物、服务政府采购项目，应当按照公开招标的方式进行。

政府采购工程以及与工程建设有关的货物、服务公开招标数额标准按照国务院有关规定执行。

《宁夏回族自治区政府集中采购目录及标准（2021年版）》（宁财（采）发〔2020〕360号）

1.分散采购限额标准

货物、服务项目分散采购限额标准为60万元；工程项目分散采购限额标准为100万元。

除集中采购机构采购项目外，各单位自行采购单项或批量金额达到分散采购限额标准（含）以上的项目，应按《中华人民共和国政府采购法》及其实施条例有关规定执行。

2.公开招标数额标准

政府采购货物或服务项目，单项或批量采购金额超过200万元（含）应采用公开招标方式。

政府采购工程以及与工程建设有关的货物、服务公开招标数额标准按照国家有关规定执行。

《2021—2022年度辽宁省政府集中采购目录和采购限额标准》（辽财采〔2020〕272号）

1.政府采购限额标准

（1）采购限额标准：货物、服务类项目，省本级和沈阳、大连、鞍山市本级50万元，其他市、县（市、区）级30万元；工程类项目60万元。

（2）未纳入集采目录并且单项或者批量采购预算金额在采购限额标准以下的项目，不纳入政府采购范围，无须编制政府采购预算和履行政府采购程序。

2.公开招标和政府采购工程相关政策及标准

（1）货物、服务类项目公开招标数额标准为200万元。工程类项目公开招标数额标准按照国务院有关规定执行。

（2）使用财政性资金采购以下两类工程项目不属于依法必须招标的项目，采购人在采购此类项目时，应当按照政府采购法及其实施条例等有关规定编制政府采购预算，并采用竞争性谈判、竞争性磋商或者单一来源方式采购。

①政府采购工程项目限额标准（60万元）以上、工程招标数额标准以下的项目；

②工程招标数额标准以上，与建筑物和构筑物的新建、改建、扩建无关的单独的装修、拆除、修缮等项目。

《吉林省政府集中采购目录及标准（2021年版）》（吉财采购〔2020〕695号）

1.分散采购限额标准

省和市（州）级单位政府采购货物、服务项目分散采购限额标准为50万元，工程项目分散采购限额标准为100万元；县（市）级单位政府采购货物、服务项目分散采购限额标准为30万元，工程项目分散采购限额标准为60万元。各级预算单位采购货物、服务和工程单项或批量采购金额达到采购限额标准以上的，应按照《中华人民共和国政府采购法》和《中华人民共和国招标投标法》有关规定执行。

2.公开招标数额标准

政府采购货物、服务项目公开招标数额标准为200万元，政府采购工程以及与工程建设有关的货物、服务公开招标数额标准按照国务院有关规定执行。

《黑龙江省政府集中采购目录及标准（2021年版）》（黑财采〔2021〕25号）

1.分散采购限额标准

省本级《目录》外货物、服务、工程项目（品目）分散采购限额标准为60万元。限额标准以上（大于等于60万元）的，实行分散采购；限额标准以下（小于60万元）的，由采购人按照政府采购内部控制管理制度自行采购，提倡通过协议供货、电子卖场、定点采购、网上竞价等方式采购；市（地）、县（市）级《目录》外货物、服务项目（品目）分散采购限额标准应大于等于30万元，工程项目（品目）应大于等于60万元。

2.公开招标限额标准

政府采购货物、服务项目（品目）的公开招标限额标准，省本级为大于等于400万元，市（地）、县（市）级应大于等于200万元。全省大于等于400万元的政府采购工程项目（品目），采取竞争性磋商等非招标方式实施。

《海南省省级2020—2022年政府集中采购目录及标准》（琼财采〔2019〕781号）

1.政府采购限额标准

2020—2022年政府采购限额标准为200万元。除集中采购目录项目外，采购人使用财政性资金采购的货物、工程和服务项目，采购预算金额达到限额标准（含）以上的，应实行政府采购。

2.公开招标数额标准

政府采购货物或服务项目，采购预算金额达到400万元以上（含400万元）的，采用公开招标方式。政府采购工程公开招标数额标准按照国务院有关规定执行。